宇宙に「終わり」はあるのか

最新宇宙論が描く、誕生から「10の100乗年」後まで

吉田伸夫　著

ブルーバックス

装幀／芦澤泰偉・児崎雅淑
カバーイラスト／中山康子
もくじ・中扉・本文デザイン／増田佳明（next door design）
中扉イメージ／Shutterstock.com
本文図版／朝日メディアインターナショナル

はじめに——なぜ「今」なのか？

「陛下、どこから始めましょうか」と白ウサギ。

「はじめから始めるのじゃ」と、とても重々しく王様は申されました、「そして終るところまでは終るな。（後略）」

ルイス・キャロル著『新注 不思議の国のアリス』（高山宏訳、東京図書）

われわれの住むこの宇宙は、ほんの138億年前に始まったばかりである。別に言葉をもてあそんでいるわけではない。宇宙の過去から未来にわたる歴史全体からすると、138億年は、実際問題として、刹那《せつな》とも言える短い期間だからである。

宇宙の歴史は、138億年前のビッグバンを出発点とし、太陽系が形成され、やがて人類が繁栄する現在に至るまでの過程として語られることが多い。一例として、「宇宙カレンダー」というたとえ話がある（このアイデアの原型は、天文学者・作家のカール・セーガンの著書に紹介されている）。138億年の宇宙の歴史を365日に置き換えて、ビッグバンを元日の午前0時0分とすると、約46億年前の太陽系の形成は9月1日頃に当たり、約20万年前の現生人類の誕生は大晦日《おおみそか》の午後11時52分頃に当たる――というような話を、読者も科学解説書などで見聞きしたことがあるかもしれない。

これらの日付は確かに、簡単な比例計算で求められる正しい数値である。しかし、人類の誕生を結末とするこうしたたとえ話から、「遥かな時間の流れの末、宇宙が進化の果てに到達したのがわれわれ人類の時代だ」といった人間中心的な宇宙観に飛びつくのは、甚だしい偏見である。宇宙のスケールは、人間とは比較にならないほど巨大であり、宇宙にとって人間が何らかの意味を持つとは考えにくい。ビッグバンから138億年後という現在は、宇宙の歴史において、何らかの到達点でも、節目の年でもない。

宇宙史の到達点を求めるならば、われわれ人類がたまたま生きているという恣意的な出来事に着目した〝ビッグバンから138億年後の現在〟ではなく、むしろ、宇宙が「ビッグウィンパー」と呼ばれる終焉《しゅうえん》に達した時点――本書では、ビッグバンから「10の100乗年」後を一つの目安とする――が、よりふさわしいだろう。

宇宙カレンダーの例にならって10の100乗年を365日に置き換えると、ビッグバンから現在に至る138億年は、大晦日どころか、元日の午前0時0分0・000…004秒頃である(「…」では、0が77個ほど省略されている)。宇宙が終焉に至るまでの長久の歳月に比較すれば、ビッグバンから138億年後の現在は、宇宙が誕生した〝直後〟にすぎない。
宇宙は、まだ始まったばかりなのである。

宇宙が始まったばかりだとすれば、宇宙に「終わり」はあるのだろうか？ 本書のタイトルの問いに、ここで簡潔に答えておこう。

宇宙に終わりはある。先に言及したように、きわめて長大な（それでも有限な）時間経過の果てに、宇宙はビッグウィンパーと呼ばれる終焉を迎えることが予測される。宇宙は決して、多様な物質や天体を抱えた今のような姿のまま、無限の時間を定常的に過ごすわけではない。

（第8章で述べるように）暗黒エネルギーに不明な点が多いため、宇宙が最終的にどうなるかというシナリオは確定していないが、現時点で最も確実性の高いシナリオによると、終末神話でしばしばイメージされる猛火や大戦乱のような激しい滅亡が宇宙に降りかかるわけではなく、滅亡の灰から不死鳥のように宇宙が再生するわけでもない。宇宙の終焉は、静寂に満ちたものである。

宇宙の終焉と言っても、この宇宙が自然界から忽然《こつぜん》と姿を消すわけではない。本書で構想するような遥かな未来においても、宇宙は確かに存在し続ける。

しかし、存在することと活動（変化と言ってもよい）することとは別物である。宇宙を生物にたとえることが許されるならば、生物内の生命活動の一つである〝代謝〟に相当するのが、天体システムなどの複雑な構造の形成である。第11章で述べるように、ビッグウィンパーに達した宇宙には、もはや目覚ましい構造形成を起こす材料もエネルギーも供給されない。この意味で、宇宙は活動をやめる、すなわち「終焉」に達すると言わざるを得ない。生き物の死骸が単にそこに存在するとき、それを「死んでいる」と言うのと同様である。

宇宙はやがて終わる。この宇宙は遠い遠い未来に静かな終焉を迎えることが、始まりの瞬間から運命づけられている。そのような宇宙で、ビッグバンから138億年後という〝宇宙誕生直後〟の時代に、われわれという構造は形成され、生きているのである。

それでは、われわれがビッグバンから138億年後の「今」を生きていることに、何か理由があるのだろうか？

もし、ビッグバンで誕生した後、宇宙がいつまでも同じ姿を保ち続ける不変の世界ならば、その半無限の歴史の中で、人類はいつ誕生してもかまわないはずである。とすると、現在のように、まだビッグバンの名残がそこここに残っている時代に人類が生まれることは、ほとんどありそうもない事態である。

現実の宇宙は、不変とはほど遠い。人類が見上げてきた宇宙はいつまでも変わらぬ姿を保つように見え、古代ギリシャの哲学者はそれをコスモスという幾何学的な秩序が支配する世界と考えたが、こうした秩序ある不変の宇宙というイメージは、実は、せいぜい数千年という人間のタイムスケールで見た場合の虚像にすぎない。宇宙全史を通観する視点から眺めると、宇宙は絶え間なく変化し続け、刻々と姿を変えている。

したがって、人類がビッグバンから百数十億年後に現れた理由を明らかにするには、長大な宇宙史において、この時期がいかなる状況にあるのかを考察しなければならない。

そもそも、宇宙の変化はどのような法則によって引き起こされて、どこからどこへと向かうものなのか？

宇宙の歴史は、決して合目的的な進化の過程ではない。むしろ、宇宙は、ビッグバンの時点から〝崩れてきた〟のである。

ビッグバンは、一般にイメージされるような〝爆発〟ではなく、一様性の高い整然たる状態だった。この状態が物質の凝集によって崩れ始め、凝集と拡散のはざまでさまざまな現象が引き起こされながら、最終的には、ビッグウィンパーと呼ばれる拡散の極限へと行き着くのが、宇宙の歴史である。

現在は、長い長い時間を掛けて崩れていく宇宙の歴史において、物質の凝集によって一様性が崩れ始めた直後の時期――凝集・拡散のせめぎ合いによって、渦巻きの形をした銀河やガス流、元素合成を行う恒星や造山活動のある惑星など、複雑な構造を持つシステムの形成が引き起こされる時代——なのである。

こうした構造形成が可能なのは、ビッグバン以降の数千億年程度にすぎない。特に活発な構造形成は、ビッグバンから百数十億年という短い期間に集中して起きる。この時期を過ぎると、大量の光を放出する恒星は次々と燃え尽き、天体システムは崩壊して生命の存続は危うくなる。

われわれ人類は、長期にわたって安定している宇宙に次々と登場する無数の知的生命の一つではなく、混沌から静寂へと向かう宇宙史の中で、凝集と拡散が拮抗《きっこう》し複雑な構造の形成が可能になった刹那に生まれた、儚《はかな》い命にすぎない。

本書は、ビッグバンの混沌から始まりビッグウィンパーの静寂に終わる宇宙の全歴史を、俯瞰《ふかん》的に眺める試みである。

第I部・過去編では、ビッグバンに始まり、物質の生成や天体の形成を経て現在に至る138億年の歴史を、観測データによって支持される学説に基づいて解説する。第II部・未来編では、有力な理論による確実性の高い予測をもとに、恒星の死、銀河の崩壊、さらには、物質の消滅からブラックホールの蒸発と続き、もはや何の変化も生じなくなる宇宙の終焉までを述べる。

本書の「はじめから始めて、終わるところまで終わらない」叙述を通じて、想像を絶する宇宙の巨大さと、ちっぽけな存在であるにもかかわらず宇宙の全貌を知ろうとする人間の気骨を、実感していただきたい。

本書で扱う数値に関する用語

宇宙暦

本書には、「ビッグバンから38万年後に宇宙の晴れ上がりが起こった」というように、〃ビッグバンから起算して、ある時間が経過した後〃という記述が頻出する。このことを簡潔に表すために、ビッグバンを起点とする暦を本書では「宇宙暦《うちゅうれき》」と名付ける。例えば、宇宙の晴れ上がりは「宇宙暦38万年」に起こった出来事、と表記する。われわれの生きているこの「今」（ビッグバンから138億年後）は、「宇宙暦138億年」ということになる。

大きな数の表し方

本書は、ビッグバンの瞬間から「宇宙暦10の100乗年」までに及ぶ宇宙の全史を扱う。この「10の100乗」などの用語を説明しておこう。

「10のn乗」とは、10同士をn個掛け算することを表す。「10の2乗」は、10と10を掛け算したものなので、100である。「10の3乗」は10と10と10を掛けるので、1000を意味する。nが大きくなっても同様である。このように「10のn乗」は、1の後に0がn個付いた数を表す。

1万（10,000）は10の4乗、1億（100,000,000）は10の8乗、1兆（1,000,000,000,000）は10の12乗である。日常生活ではあまり見かけないが本書でしばしば登場する数には、1京《けい》（10の16乗、10,000,000,000,000,000）や1垓《がい》（10の20乗、100,000,000,000,000,000,000）などがある。そのほか多様な数詞が現れるが、その値については左の表を参照してほしい。

宇宙暦10の１００乗年とは、ビッグバンから10,000,000,000,000,000,000,000,000,000,000,000,000,000,000,000,000,000,000,000,000,000,000,000,000,000,000,000,000,000,000,000,000,000,000年が経過した時点のことである。

表　大きな数の数詞

数詞	値
1万	10の4乗（10^4）
1億	10の8乗（10^8）
1兆	10の12乗（10^{12}）
1京	10の16乗（10^{16}）
1垓	10の20乗（10^{20}）
1秭《し》または1𥝱《じょ》	10の24乗（10^{24}）
1穣《じょう》	10の28乗（10^{28}）
1溝《こう》	10の32乗（10^{32}）
1澗《かん》	10の36乗（10^{36}）
1正《せい》	10の40乗（10^{40}）
1載《さい》	10の44乗（10^{44}）
1極《ごく》	10の48乗（10^{48}）
1恒河沙《ごうがしゃ》	10の52乗（10^{52}）
1阿僧祇《あそうぎ》	10の56乗（10^{56}）
1那由他《なゆた》	10の60乗（10^{60}）
1不可思議《ふかしぎ》	10の64乗（10^{64}）
1無量大数《むりょうたいすう》	10の68乗（10^{68}）

※「10のn乗」は、10の右肩に上付き添え字でnと付して、「10^n」とも書く。

2ページで語る宇宙全史

はじめに、完全な虚無の世界であるマザーユニバースが存在した。マザーユニバースには物質も光もなく、内部に蓄えられた暗黒エネルギーによって、ひたすら加速しながら膨張するだけの世界だった。ところが、今から138億年前にマザーユニバースの一部が変化し、暗黒エネルギーが解放されて他の場に供給された。この結果、場は熱水のように沸き立ち、高温のビッグバン状態となる。これが、われわれの宇宙が誕生した瞬間である。

エネルギーを獲得した場は、素粒子を生み出す。当初は混沌としていた素粒子は、宇宙空間が膨張してエネルギー密度が低下し、熱運動によって拡散しようとする傾向が弱まると、凝集し始める。まず、クォークやグルーオンといった素粒子が集まって陽子・中性子が形作られる。多くの素粒子はエネルギー密度が低下するにつれて姿を消すが、陽子と電子は素粒子反応の特性によって消えずに残る。こうして、宇宙空間は、陽子・電子・光子が飛び交うスープ状になる。

空間膨張が進むにつれて、物質が次々と形成される。ビッグバンから10分ほどの間に、重水素やヘリウムなどの原子核が合成される。さらに、数十万年が経過すると、電気的な引力で原子が形成され、電子のやり取りによる化学反応も始まる。また、ビッグバンの時点でごくわずかに存在した密度の揺らぎは、重力による物質の凝集を引き起こす。フィラメント状に凝集した暗黒物質に引っ張られて通常の物質も凝集、宇宙暦数千万年頃には最初の星が生まれる。物質は渦を巻きながら凝集するのが最も活発になるのは、宇宙暦数億年から百数十億年の時期である。物質が凝集することが多く、渦巻銀河や原始惑星系円盤などの渦巻き構造が形作られる。物質が凝集してできる天体の中には、中心部で核融合が始まり、星全体が高温になって輝くものも現れる。こうして生み出された光は周囲に拡がるが、途中で岩石惑星の表面に照射されると、低温環境に高温の光が流れ込むため、一定温度では起きない化学反応が進行し、複雑な化合物が作られる。

しかし、構造形成が活発に起きる時期は、長くは続かない。太陽と同じタイプの恒星は、せいぜい数百億年で燃え尽き、冷えて白色矮星《わいせい》となる。一部の大質量星は、遥かに短い主系列星の時期を終えると、超新星爆発の後に中性子星やブラックホールなどの高密度天体となる。小さな赤色矮星には1兆年を超える長寿命のものもあるが、弱い赤外線しか放射できない。

恒星が輝きを失い暗黒の天体集団となった銀河は、宇宙暦100兆年頃には観測可能な宇宙空間で孤立し、1垓年以前に崩壊する。銀河内部の天体は、弾き出されて宇宙空間を漂流するものと、中心部の超巨大ブラックホールに飲み込まれるものとに運命が分かれる。漂流天体は、陽子・中性子の崩壊によって消滅していき、ブラックホールは、ホーキング放射で蒸発する。

こうして、虚無のマザーユニバースからビッグバンの混沌として誕生したわれわれの宇宙は、宇宙暦10の100乗年頃に、ビッグウィンパーと呼ばれる永遠の静寂を迎える。

もくじ

第2章 広大な空間、わずかな物質――宇宙暦10分まで

第5章 そして「現在」へ——宇宙暦138億年まで

【第II部――未来編】

第8章 第二の「暗黒時代」——宇宙暦100兆年まで

第9章
怪物と漂流者の宇宙——宇宙暦1垓《がい》（10^{20}）年まで
銀河崩壊時代 193

第10章
虚空へ飛び立つ素粒子——宇宙暦1正《せい》（10^{40}）年まで
物質消滅時代 215

第Ⅰ部

過去編

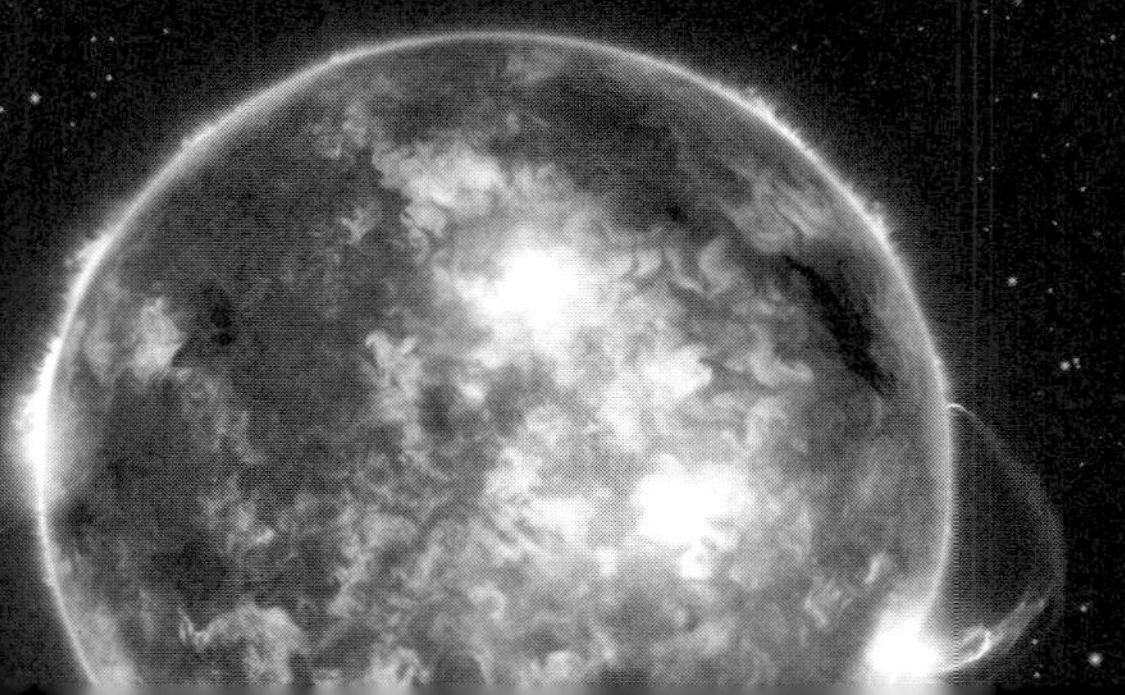

第１章

不自然で奇妙なビッグバン

——始まりの瞬間

「ビッグバン」とはいったい何だったのか？　宇宙の全歴史を通観するに当たって、まず、この問いから始めなければならないだろう。

ふつうの物理学者は、「生命には、物理法則に従わない特殊な力がある」とする生気《せいき》論《ろん》のような説を信じない（読者の多くも同様であろう）。あらゆる現象は、坂道に置かれたボールが転がり落ちていくように、逃れようのない物理法則にのっとって進行すると考える。全てが物理法則に従って生起するのならば、宇宙の始まりは、その後のさまざまな変化を引き起こす出発点でなければならない。

ところが、ビッグバンとは「大きなバーンという爆発音」を意味するその名の通り、大爆発としてイメージされることが多い。ビッグバンが宇宙の始まりだという知識は、科学解説書などを通じて比較的広く普及しているが、もしビッグバンが本当に爆発だったなら、そこからどうやって現在のような多様な天体を抱えるこの宇宙を形成し得たのか、考えてみれば不思議である。

焼け跡から若芽が萌え出るように、巨大な爆発が全てを破壊し尽くした後、天体がひとりでに形成され生命が誕生した――という叙景詩的なイメージを抱く人もいるかもしれない。しかし、これは生気論と同様の幻影である（焼け跡に草花が芽吹くのも、焼け跡の大地が無から生命を創造する生気論的な力を持つからではなく、燃え残ったり遠方から飛ばされてきたりした種子があったからである）。天体のような構造を作り出し得る原因は、生気論ではなく物理学の法則に求められるはずである。爆発が構造形成の原因になったというのは、物理的にはいかにも信じがたい。

では、宇宙の始まりとなったビッグバンとは、一体どのような現象だったのか？　実は、ビッグバンは、一般にイメージされているような爆発ではない。整然とした超高温・超高圧という、きわめて不自然な状態だったのである。

宇宙の始まりを科学する試み

宇宙に始まりがあるとする科学的な学説は、１９２２年のアレクサンドル・フリードマンの論文を端緒とする。彼は、１９１７年にアルベルト・アインシュタインが提唱した宇宙空間のモデルをもとに、これが時間とともにどのように変化するかを、一般相対論の基礎方程式である「ア

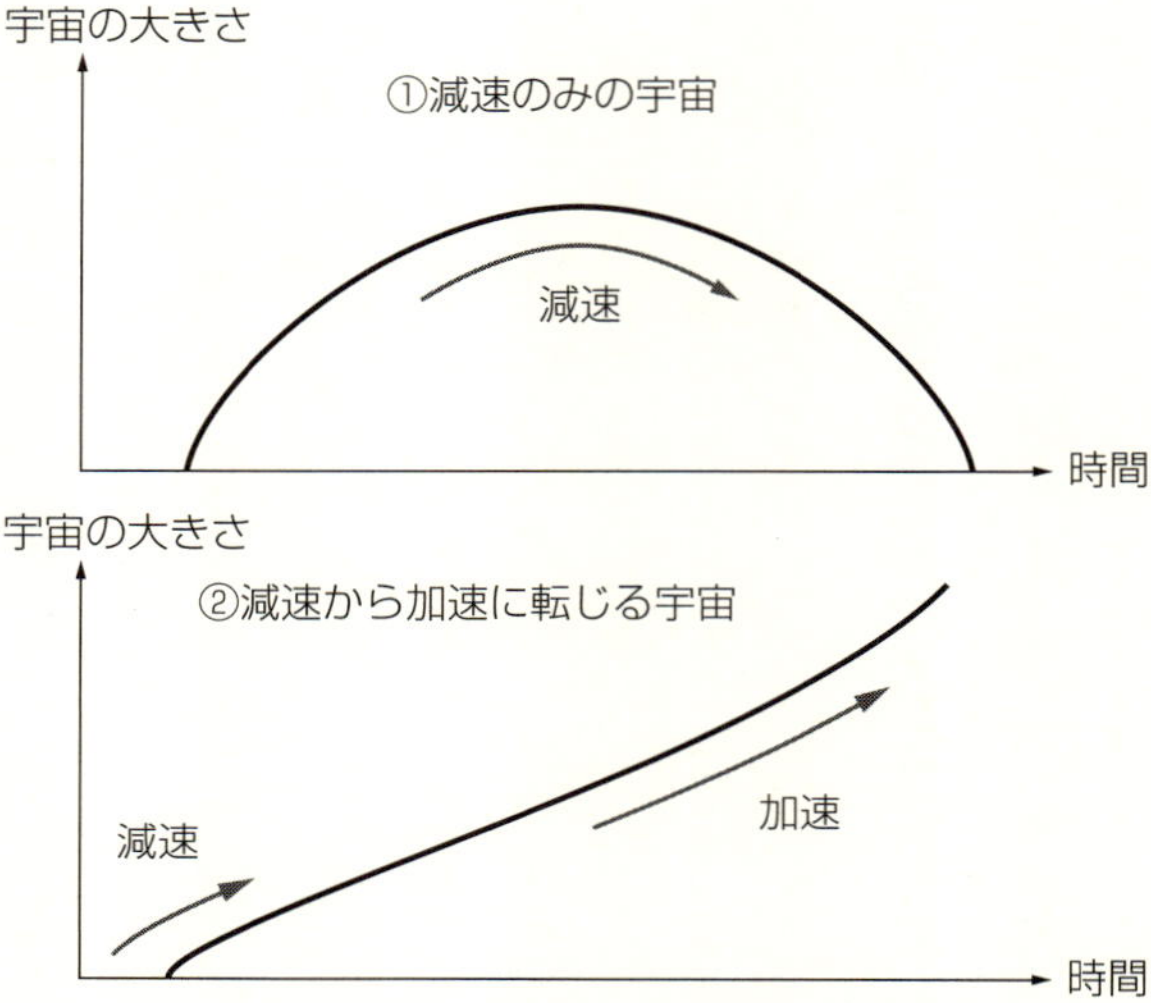

図1-1　フリードマンが見いだした解

インシュタイン方程式」を用いて調べた。そこで見いだされたのが、体積が有限な宇宙空間（専門用語を用いて厳密に言えば、正ないし負の宇宙定数を持つ閉じた一様等方空間）が、三つのパターンに従って時間変化することである。

三つのパターンのうちの一つは現実に起こりそうもないので除くとして、残りの二つで宇宙の大きさがどのように変化するかをグラフで表すと、図1-1のようになる。

この二つの解は、過去のある時点で大きさのない宇宙が誕生し、その後、急速に膨張することを示している。フリードマンは、宇宙が生まれる時点を、「宇宙の始まり」「宇宙の創造」と呼んだ。当初、この

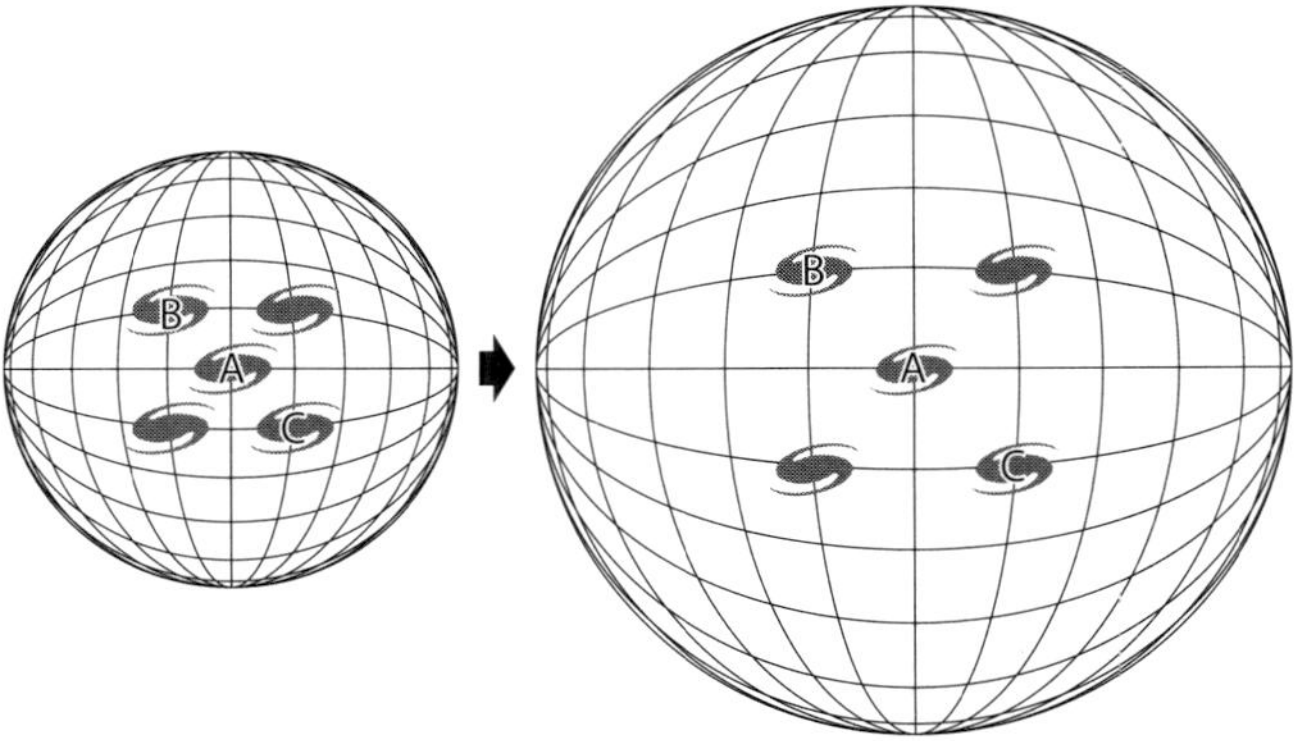

図1-2　膨張する宇宙空間

アイデアは学界から黙殺されたものの、フリードマンが早世《そうせい》して４年後の１９２９年、エドウィン・ハッブルが、遠方の銀河が天の川銀河（われわれの銀河系）からの距離に比例する後退速度で遠ざかっているという「ハッブルの法則」を発見して以来、観測事実に合致する理論として広く受容される。

　フリードマンの理論によると、宇宙空間は、ちょうど、表面に銀河を描いた風船を膨らませていくように膨張していく（図１－２）。ただし、風船の表面が２次元であるのに対して、宇宙空間は３次元だという違いがある。人類のいる天の川銀河から見ると、アンドロメダ銀河のような近くの銀河を除いて、他の全ての銀河が遠ざかっていく。これは、天の川銀河が特別な地位にあるからではなく、空間そのものが膨張しているためであり、どの銀河から見ても他の銀河は遠ざかることになる（図１－２で言えば、銀河Ａから見るとＢとＣが遠ざかるが、ＢやＣ

からはAが遠ざかるように見える)。

空間が膨張し宇宙全体の体積が増加するため、物質やエネルギーの密度は低下する。それでは、現在からビッグバンに向かって時間を遡っていくと、宇宙はどのようになるのだろうか?時間を反転すると、現在は減少の一途をたどっている密度が逆に上昇する。時間を遡るにつれて大量の物質が集まってくるため、物質やエネルギーの密度はどこまでも増大していき、それとともに、温度も上昇し続けるはずである。単純計算によれば、138億年前に密度と温度が無限大になる。この瞬間が、ビッグバンに当たる。宇宙は、密度と温度がきわめて大きい状態から始まったことになる。

1948年、元素の起源に関するαβγ《アルファ・ベータ・ガンマ》理論(詳しくは第2章で解説するが、初期の高温状態の中で核融合によってあらゆる元素が生まれたとする理論)を提唱し、ビッグバンの概念を確立したジョージ・ガモフは、原爆の火球からインスピレーションを得たと言われている。ソ連からの亡命物理学者だったガモフは、原爆開発を目指す米軍の極秘プロジェクトであるマンハッタン計画には参加できなかったものの、知人の多くがプロジェクトにかかわっていた。トリニティ実験で世界初の原爆が炸裂したとき、巨大な火球が発生したことが知られており、その話を漏れ聞いたガモフの脳裏に、超高温状態から爆発的に膨張していく初期宇宙のイメージが浮かんだのかもしれない。

こうした火球のイメージは、その後、ガモフとその後継者によって喧伝《けんでん》され、ビッグバンを巨大な爆発と見なす考え方が広まる。

しかし、ビッグバンが破壊と混沌をもたらす爆発だとすると、そこから物理法則だけに従って、惑星が円軌道を描いて整然と運行する太陽系や、複雑な組織を持つ生命が生まれてきたとは、ほとんど信じがたいことである。宇宙論研究のリーダー格だったアーサー・エディントンが、一般相対論に基づく膨張宇宙のモデルを受け容れる一方で、宇宙に始まりがあるというアイデアに対して、「気にくわない（repugnant）」という感想を口にしたのは、当然のことかもしれない。

実は、エディントンの知らなかったことがある。現在に至るまでの観測を通じて、宇宙の始まりが、ビッグバンという名前とは裏腹に、きわめて整然としたものだったことが明らかになったのである。密度や温度がきわめて大きいにもかかわらず整然としているとは、いかにも不自然だが、これに留まらず、ビッグバンには、実に不自然で奇妙な性質がいくつもある。ビッグバンとは何かを考察するためには、この不自然さを理解しなければならない。

第１の不自然さ――高度な一様性

現実のビッグバンは、爆発とは全く異なった状態である。最大の相違点は、ビッグバンにおけるエネルギーの分布が、観測可能な範囲で見る限り、きわめて高い一様性を示す点だろう。爆発ならば、核爆発でもガスや粉塵の爆発でも、エネルギーを放出する反応が連鎖的に進行する過程なので、燃料となる物質のわずかな揺らぎによって反応速度が変化し、エネルギー分布にムラが生じる。しかし、ビッグバンには、こうしたムラがほとんど見られない。エネルギー分布の一様性は、地球上で得られる観測データとしては、「どの方向を見ても宇宙が同じように見える」という等方性《とうほう》として現れる。

等方性についても、少し説明が必要だろう。夜空に見える天体の分布に等方性はなく、天の川に集中する傾向にあるが、これは、視認できる天体の大部分が天の川銀河内部の恒星だからである。宇宙規模でのエネルギーの分布を調べるには、観測可能な領域だけで数千億以上あると言われる銀河を考える必要がある。天の川銀河以外の銀河のうち肉眼や市販の望遠鏡で見えるものはアンドロメダ銀河など数個（条件が良ければ4個ほど）しかないので、一般の人は、銀河がどのように分布しているか、なかなかイメージできないかもしれない。

だが、現在では、最先端技術を用いた観測により、数十億光年の彼方までかなり正確にわかっている。中でも、スローン・デジタル・スカイ・サーベイと呼ばれる探査は、望遠鏡による観測をもとに広範囲にわたる宇宙の3次元地図の製作を目的とする国際共同プロジェクトで、1998年に始まって以来、100万個以上の銀河に関して膨大なデータを蓄積してきた。公表されて

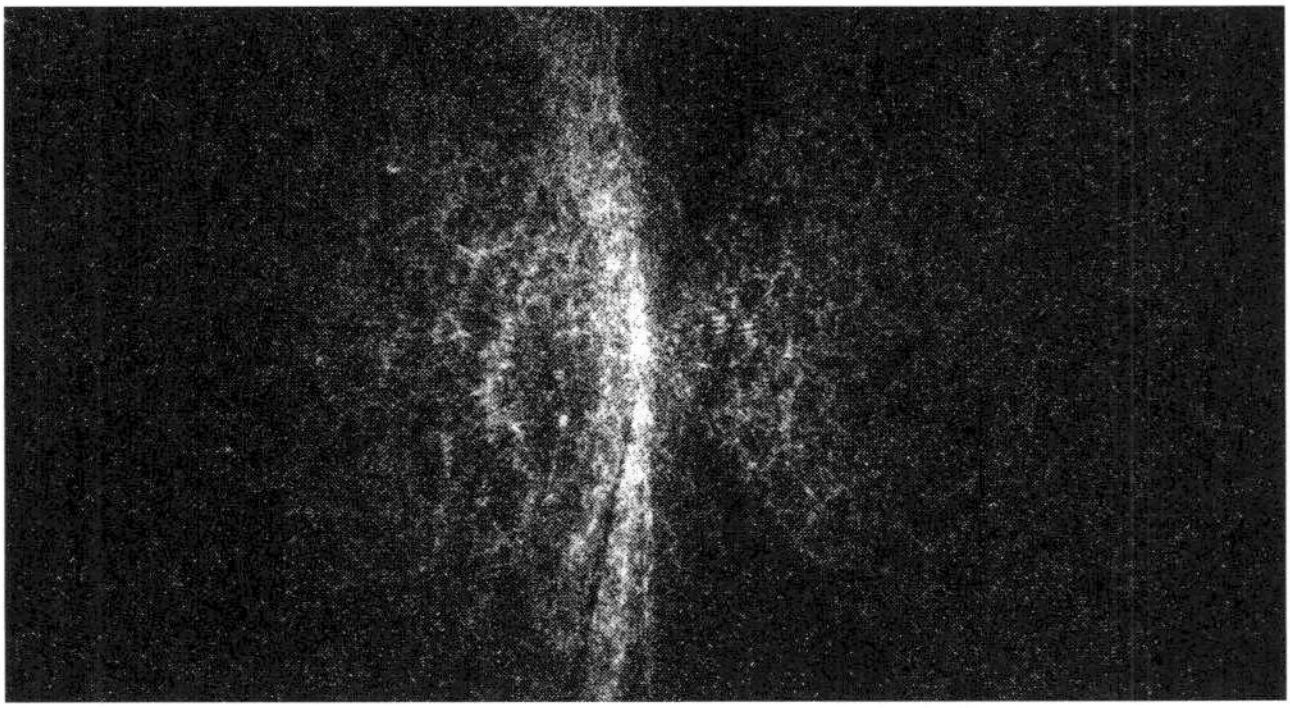

図1-3　スローン・デジタル・スカイ・サーベイの得た銀河分布の3次元地図の一部（出典：NASA/University of Chicago and Adler Planetarium and Astronomy Museum）

いる3次元地図（図1－3）では、天の川銀河から遠ざかるにつれて銀河分布が変化するが、これは、遠方ほどデータが得にくく、また、光が伝わるのに要した時間だけ過去の状態を表すことに起因するもので、ある時点での銀河分布のムラを調べるには、天の川銀河を中心とする球面上の分布を見なければならない。

狭い範囲に限ると、銀河の分布には確かにムラがある。数億光年程度のスケールでは、銀河の集まり方は、洗剤を攪拌《かくはん》したときに生じる無数の泡に似ている。銀河は、泡の表面に相当するシート、あるいは、シートが交わるフィラメント状の領域に集中しており、その間隙《かんげき》は、銀河のほとんど存在しないボイド（空洞）となっている。ただし、こうした分布のムラは、夜空の星々が天の川に集中しているのと同様に、重力によって銀河が集まってきた結果である。もう少し広い範囲で平均すると、しだいに構造ははっきりしなくなり、天の川銀河を取り囲む球面上での密度は、どの方位でもほとんど一定となる。これが、銀河分布の等方性である。

また、詳しくは第3章で解説する背景放射にも、きわめて高度な等方性が見られる。

一様性が不自然な理由

エネルギー分布が一様であることがそんなに不自然なのか、奇妙に思われる読者がいるかもしれない。例えば、高温の熱水に塩のような溶けやすい物質を投入した場合、かき混ぜなくても、溶液の濃度はほとんど揺らぎのない状態に落ち着く。ビッグバンの時点では、宇宙空間はまだ小さく、しかも高温なので、塩水の場合と同様に、エネルギー分布が自然に均《なら》されて一様になったとしても、おかしくはないように思えるだろう。

しかし、このアイデアは、アインシュタイン方程式を使って数学的に解析すると、うまくいかないことがわかる。アインシュタイン方程式によると、宇宙が誕生した直後から、宇宙空間の任意の2点が互いに光速以上の速さで遠ざかることが示される。空間の膨張ならば光速を超えてもかまわないが、エネルギーをやり取りする相互作用については、その伝播《でんぱ》速度が光速を超えないという相対論の要請があるので、空間が超光速で膨張する途中でエネルギーをやり取りしながら均一化することは、不可能なのである。

それでは、どのような状態ならば自然なのか？　高温の塩水で濃度が一様になるのは、溶けた物質が溶液中に拡散する性質があるからだが、宇宙で支配的なのは万有引力として作用する重力であり、物質同士が凝集するのが自然な過程である。

大量の質量が凝集すると、ブラックホールが形成されることが知られている。ブラックホールについては第9章で説明するが、ごくかいつまんで言うと、強大な重力で光すら逃れられなくなった天体である。ひとたびブラックホールが形成されると、後は物質を飲み込む一方であり、一度飲み込んだ物質を吐き出すことは、（第11章で扱うホーキング放射を別にすると）決してない。したがって、ブラックホールの形成は、ガラスが粉々に砕けたり紙が燃えて灰になったりするのと同じような、あるいは、水に溶けた塩が溶液中に拡散するのと同じような不可逆過程なのである。

水に溶けた塩が一様な状態になるのが自然だとするならば、宇宙の始まりとして自然なのは、無数のブラックホールが存在する状態である。しかし、始まりの瞬間にブラックホールが存在した痕跡はない。

第2の不自然さ——異常な高温

「宇宙は大爆発とともに始まった」という古典的なビッグバンのイメージでは、最初の瞬間が高温状態なのは当然のように感じられるが、整然とした膨張であるならば、高温になる理由をきちんと説明しなければならない。

ビッグバンの瞬間がきわめて高温だったことは、単なる仮説ではなく、観測事実として確認されている。そのことを示すのが、背景放射のデータである。背景放射とは、言うなればビッグバンの余熱のようなもので、ビッグバンから38万年後に出た光が、宇宙空間を100億年以上も伝わり続け、ようやく人類に観測されたものである。

背景放射が示す温度は、現在では零下270℃以下の低温だが、これは、空間膨張によって温度が下がったためで、放出時点では、宇宙空間は3000度ほどの高温だったことが理論的に求められる。ビッグバンの時点で、それよりも遥かに高温だったことは確実である。

ビッグバンの高温状態は、宇宙空間に膨大なエネルギーが満ちていたことを意味する。エネルギーは保存されるというのが通説なので、このエネルギーがどこからやってきたのか、どうしても気になるだろう。

実は、宇宙空間と時間が一緒に誕生したと仮定すれば、エネルギーが保存していなくても、物理学的に矛盾はない。「エネルギーが一定に保たれる」というエネルギー保存則は、「時間とともに物理法則が変わらない」という仮定から数学的に演繹《えんえき》される派生的な法則なので、時間が途切れるケースには適用できないからである。

しかし、矛盾がないと言っても、宇宙が高温状態からいきなり始まるという主張には、やはり釈然としないだろう。ビッグバンのエネルギーは、（第2章で説明するように）物質や電磁場のエネルギーに転化して宇宙の進化を引き起こす源なので、もしビッグバンが高温状態でなければ、宇宙は物質も光も存在しない虚無の世界にしかならない。ビッグバンにおけるエネルギーの由来を何らかの形で説明できれば、現在のような宇宙が生まれた理由について、さらに深く理解できるはずである。

第3の不自然さ――膨張の開始

ビッグバンが大爆発ではないとすると、「爆発の勢いに押されて膨張が始まった」という素朴なイメージは成り立たない。それでは、なぜ膨張が始まったのだろうか？

フリードマンが見いだした宇宙全体の振る舞いを記述する二つの解（図1－1）は、（物理学的には正確でないものの）地上から打ち上げた物体の軌道になぞらえることができる。

空気抵抗がない場合、物体は、打ち上げ速度が脱出速度よりも小さいときには地球の中心を焦点とする楕円軌道を、脱出速度を超える場合は双曲線軌道を描く（図1－4）。打ち上げ直後は、最初の運動量によって上昇していくが、地球の重力が作用するため、上昇速度はしだいに減じ、その結果として楕円や双曲線を描く。こうした軌道は、アイザック・ニュートンが17世紀に確立した、ニュートンの運動方程式を解くことで得られる。

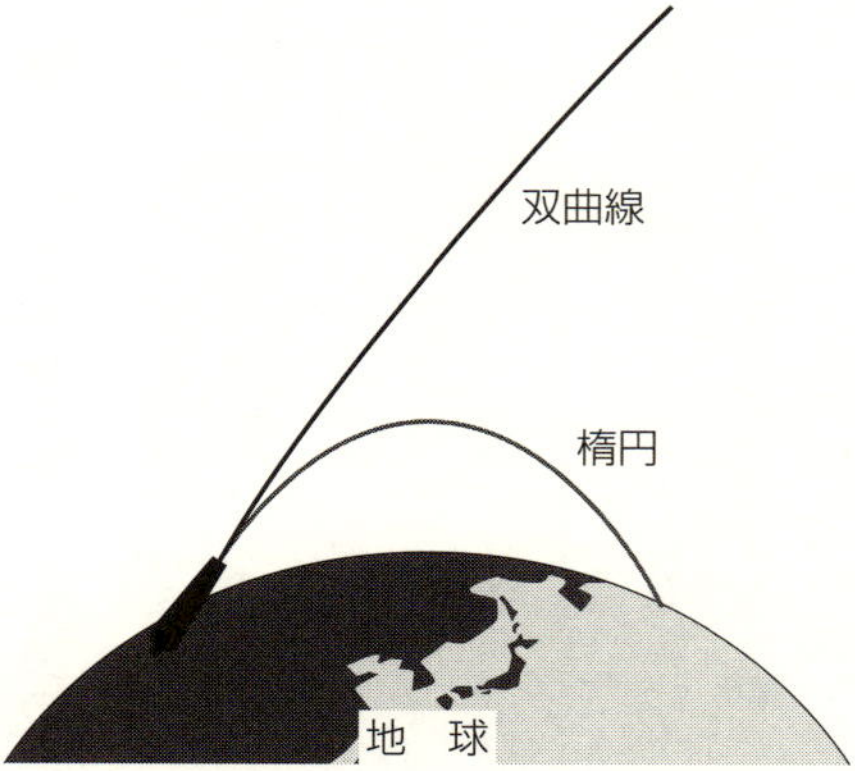

図1-4　地上から打ち上げた物体の軌道

ただし、軌道の形は方程式から求められるものの、「なぜ空中に飛び出したか？」という問いには、方程式をいくらひねくり回しても、答えられない。最初の打ち上げは、物体の運動方程式とは別のメカニズムで決定されたものである。

フリードマンが求めた解においても、最初は勢いよく膨張を始め、内部に存在する物質同士の重力によって膨張速度が遅くなるという時間変化は、アインシュタイン方程式を解くことで求められる（図1－1②の後半の振る舞いについては、この後で触れる）。だが、地上から打ち上げた物体の場合と同じように、「なぜ膨張を始めたか？」という問いには、アインシュタイン方程式から答えを導くことはできない。

地上から物体を打ち出したとき、どのような運動をするかは、ニュートンの運動方程式を解くことで求められる。空気抵抗がないなどの条件が満たされていれば、その軌道は観測事実と合致するはずである。しかし、誰も打ち上げていないのに、物体が勝手に放物運動を始めたとすると、かなり奇妙なことと言わざるを得ない。同じように、フリードマンの宇宙も、アインシュタイン方程式を満足する解ではあるが、最初に膨張を始めたきっかけが何もないとなると、どうにも納得できない。ビッグバンが大爆発ならば、その勢いで膨張を始めたと言えるのだが、これまで述べてきたように、ビッグバンは爆発とは大きく異なっている。

これは、答える必要のない謎なのかもしれない。膨張が始まらなければ天体も形成されず生命も登場しないので、なぜ宇宙がかくあるかなどと誰も悩まないからである。もしかしたら、宇宙は無数に存在するのかもしれない。その中に、何の理由もなく全くの偶然で膨張を始めた宇宙があり、そこに発生した生命の一つである人類が、「なぜ宇宙空間は膨張を始めたのか」と無駄に悩んでいるだけだということもあり得る。だが、それでも、膨張を始めたことについて何らかの説明がほしいというのが、科学的探究心を持つ人の自然な思いだろう。

ビッグバンとは何だったか？

ビッグバンは、巨大な爆発などではない。異常な高温状態にある一様な空間が整然と膨張を始めたものである。整然とした膨張だからこそ、その後に続く宇宙の進化が可能になったのである。

「高度な一様性」「異常な高温」「膨張の開始」——この三つの性質は、宇宙に多くの天体が形成され生命が誕生するために欠かせない。ビッグバンの瞬間に無数のブラックホールが存在していたならば、そのままブラックホールばかりが成長して、恒星を中心とする惑星系の形成がうまくいかないだろう。温度が低いと、物質や光の存在しない虚無の世界のままで終わってしまう。

異常な高温だった宇宙空間も、急激に膨張したことによって温度が下がり、ガス圧のような拡散しようとする力が減少、重力で引き合う力が上回って物質が凝集し、天体が形成され生命が発生する土台ができる。われわれの宇宙は、このように進化してきたのである。とすれば、なおさら、始まりの瞬間がいくつもの不自然な性質を持つ理由を明らかにしたくなる。

加速膨張するだけの宇宙

謎を解決する鍵は、図1－1②で示したフリードマンの解の後半にある。この解の前半では、空間が大きくなる速さがしだいに減少しており、宇宙空間に存在する物質同士が重力で引き合う効果が現れている。しかし、後半になると、膨張速度が増加に転じている。物質同士の重力は必ず引力になるのだから、膨張速度を増加させているのは、物質とは異なる何かがもたらした反重力の効果のはずである。これまで得られた観測データによると、われわれの宇宙は、図1－1の①ではなく②の解に従っており、現在より60億年ほど前に加速膨張の時期に入ったとする見方が有力である。

フリードマンの解の場合、この反重力効果をもたらすのは、アインシュタイン方程式に含まれる定数（宇宙定数）である。アインシュタインが最初にこの定数を導入したときには、その意味が充分に理解されなかったが、現在では、この定数は、空間に内在するエネルギーを意味するものと考えられている。こうしたエネルギーは、（後に述べる定数でない場合も含めて）「暗黒エネルギー」と呼ばれる。②の解において前半と後半で減速と加速に分かれるのは、前半では物質同士が引き合う力が支配的だが、空間が膨張して天体同士が遠ざかり引力が弱まるので、後半では宇宙定数による反重力効果が卓越するからである。

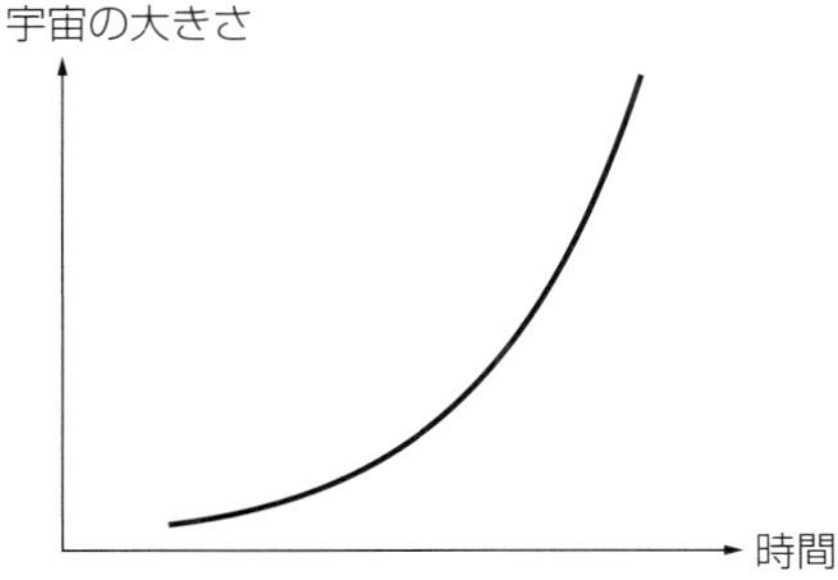

図1-5　ド・ジッター宇宙の時間変化

それでは、物質がなければ何が起きるのだろうか？　この場合、物質同士が引き合う重力が存在しないので、宇宙空間は、一貫して膨張し続ける。こうした宇宙は、フリードマンに先立ってウィレム・ド・ジッターが求めたもので、ド・ジッター宇宙と呼ばれる。

アインシュタイン方程式を信じると、ド・ジッター宇宙は、ある瞬間に誕生するのではなく、図1-5に示すように、永遠の過去から膨張し続ける（アインシュタイン方程式に従わない量子《りょうし》効果によって、過去のある時点で誕生するという説もある）。加速度自体が増えるために、宇宙は指数関数的に巨大になっていく。物質がないので、天体が形成されることはなく、もちろん、ブラックホールも存在しない。たとえわずかに物質があったとしても、猛烈な勢いで膨張していくために、その密度は極限にまで薄められてしまい、どこを見ても一様に何もない虚無の世界となる。

空間に内在するエネルギーによって加速膨張する宇宙は、膨張すること自体がアインシュタイン方程式から導かれる自然な過程であり、地上から打ち上げる物体のように、最初に速度を与える必要がない。つまり、ド・ジッター宇宙は、ビッグバンが持つ不自然さの多くを回避しているのである。

暗黒エネルギーだけのド・ジッター宇宙は、絶対的な虚無の世界である。宇宙空間の体積は、暗黒エネルギーの作用で膨張が加速されて指数関数的に巨大になっていくが、その内部には何も存在しない。物質的な現象は生起せず、空間がひたすら膨張し続けるだけというかなり不気味な世界だが、その一方で、数学的にきわめてシンプルな式で表されるという特徴がある。物事の出発点はシンプルな世界だという（あまり根拠のない）考え方に従えば、宇宙の本来の姿は、こうした虚無の世界なのかもしれない。この暗黒エネルギーだけの宇宙を、物質が存在するわれわれの宇宙の母胎——マザーユニバース——と考えてみることにしよう。

暗黒エネルギーが常に一定の値ならば、マザーユニバースでは、物質的な現象が何も生起しないまま永遠に時が過ぎていくだけである。しかし、暗黒エネルギーがポテンシャルエネルギーの一種であるならば、別の可能性が生まれる。

マザーユニバースから生まれる宇宙——インフレーションとインフラトン場

ポテンシャルエネルギーとは、運動する物体が持つ運動エネルギーのような〝目に見える〟ものではなく、他のエネルギーに転化する可能性を秘めたまま内部に蓄えられたエネルギーである。例えば、コイルバネを押し縮めて両端を金具などで固定したとき、バネの振動がないので運動エネルギーはゼロだが、バネが変形されたことによる弾性エネルギーが内部に存在しており、固定金具を外すと、とたんに振動し始める。

現代物理学では、空間は物質を入れる容器ではなく、物理現象の担い手である「場《ば》」と一体化した物理的実在だと見なされている。暗黒エネルギーが、こうした場が有するポテンシャルエネルギーだとすると、押し縮められたコイルバネと同じように、蓄えられていたエネルギーが何らかのきっかけによって外部に放出されることも起こり得る。

暗黒エネルギーの担い手となる場があるとして、それがどんな性質を持つのかほとんどわかっていない。取りあえず、インフラトン場という名前だけが与えられている。ポテンシャルエネルギーの大きさは、インフラトン場の強さ（電場や磁場の強度と同じような場の値）の関数になるはずだが、関数形は不明である。インフラトン場の値が常に一定ならば、ポテンシャルエネルギーも不変で、新たな現象は何も起きない。しかし、マザーユニバースのどこか一部でインフラトン場の値が変動し、それに伴ってポテンシャルエネルギーが減少するような事態が生じたとしよう。このとき、エネルギー保存則に従って、インフラトン場以外の場にエネルギーが供給され、場が激しく振動することでさまざまな物理現象を引き起こす（詳しくは第2章）。

インフラトン場のアイデアは、1980年代に、アラン・グースら複数の物理学者が提唱した「インフレーション理論」に端を発する。ただし、当時の理論は、現在のものとかなり異なっている。当時は、素粒子の統一理論として期待されていた大統一理論に含まれるヒッグス場が、「インフレーション」と呼ばれる急激な空間膨張をもたらすと考えられた。ビッグバンの高温状態から始まった宇宙が、空間の膨張によって冷えていく途中で、一時的に過冷却状態に陥って膨張スピードが急変するという理論である。

しかし、この理論は、不安定な過冷却状態がしばらく持続するというかなり無理な仮定を置いていたため、多くの批判にさらされた。こうした批判を受けて、ビッグバンより以前にインフレーションがあったという理論に作り直され、インフレーションをもたらす場として、ヒッグス場の代わりにインフラトン場が導入されたのである。

インフラトン場の変化に伴ってポテンシャルエネルギーが解放された状態が、われわれの宇宙の出発点となるビッグバンだとすると、これまで述べてきた不自然さが解消される。ビッグバンが高温状態なのは、インフラトン場が蓄えていたポテンシャルエネルギーが放出されて熱に転化したからである。また、ビッグバンの際に膨張しているのは、それ以前のマザーユニバースが膨張し続けており、ポテンシャルエネルギーが解放された時点でも、その勢いを持っていたからである。マザーユニバースが膨張することは、暗黒エネルギーの項があるアインシュタイン方程式から導かれるので、誰も打ち上げていない物体が飛び出したケースのような不思議さはない。

さらに、一様性も説明できる。暗黒エネルギーだけのマザーユニバースは、物質的な現象が生起せず、場所による違いのない一様な世界である。完全に暗黒エネルギーだけというわけではなく、多少の物質が存在したとしても、空間が急激な膨張を続けているため、わずかな物質は凝集することができず散り散りになり、ブラックホールも形成されない。したがって、そこから生じた高温領域も、ブラックホールのないほぼ一様な状態になるはずである。こうして生じた一様な高温領域は、さまざまな現象が生起する新たな宇宙（チャイルドユニバース）として、虚無の世界であるマザーユニバースとは異なる運命を歩み始める。

暗黒エネルギー仮説の問題点

ここまでの話で、謎が一気に解決したように思えるかもしれないが、残念ながら、これで何の疑問もなくなるわけではない。

最大の問題は、インフラトン場の変化が具体的にどのようなメカニズムで生じるか、よくわからないことである。前節では、「マザーユニバースのどこか一部でインフラトン場の値が変動し……」と書いたが、実際にこうした過程が起きるかどうかは、ポテンシャルエネルギーの関数形に依存する。関数がお椀《わん》の底のような形をしており、ちょうど坂道をボールが転がり落ちるように、エネルギーの高い状態から低い状態へと変化するというのが最も単純な理論だが、お椀の底となるエネルギーの最小値を観測データと合致するように微調整しなければならないなど、完成された理論とは言い難い。

インフラトン場に関する理論をどのような形式にすべきか、そもそもインフラトン場という仮説的な場を導入してかまわないのか、実証的な議論を行う手掛かりはほとんどなく、ビッグバンにかかわる観測データをうまく再現できるように、さまざまなアイデアをひねり回している段階なのである。

ビッグバンの前には何があったのか？

ビッグバンにかかわる三つの不自然さは、インフラトン場のポテンシャルエネルギーを仮定することで解決できそうに見える。だが、この考え方は、誰もが納得する定説として受け容れられているわけではない。

ビッグバン以前に、インフレーションと呼ばれる急激な膨張を行う時期が存在したこと、何らかの変化によってインフレーションが終了し、莫大なエネルギーが解放されてビッグバンの高温状態を迎えたことは、かなりもっともらしい仮説である。しかし、インフレーションがどのようなメカニズムで終了したのか、こうした変化が全宇宙的な規模で生じたのかどうかについて、観測データに基づいて実証的に議論することは難しい。ビッグバン以前の時代は、人類にとって、すでに失われた歴史に属するからである。

そこで、この問題についてはこれ以上踏み込まず、われわれの宇宙史の記述は、ビッグバンを「宇宙暦ゼロ」としてスタートさせることにしよう。

第2章

広大な空間、わずかな物質

――宇宙暦10分まで

この世界の豊かさは、物質が作り出している。宇宙にさまざまな天体が存在し、その上で豊饒《ほうじょう》な現象が生起するのは、物質が存在するからに他ならない。

それでは、宇宙に物質が存在するのは、当たり前のことなのだろうか？　世界各地に伝わる創造神話の多くは、始まりの瞬間から何らかの〝始原物質〟が存在することを前提としている。例えば、ギリシャ神話では、はじめに形のない混沌（カオス）があり、そこから秩序を持つ世界（コスモス）が形作られたとされる。

しかし、この宇宙が絶対的な虚無の世界であるマザーユニバースから生まれたというアイデアが正しいとすると、物質ははじめから存在したのではなく、インフラトンのエネルギーが解放されて高温状態になったビッグバンの際に、何らかのメカニズムによって生まれたと考えなければならない。「なぜ物質が存在するか？」という謎（これが哲学的すぎると言うなら、「いかにして物質が生まれたか？」と言い換えてもよい）は、宇宙論が解答すべき課題である。

宇宙に物質が生まれるメカニズムが説明できたならば、さらに、物質がこれほど少ない理由を明らかにする必要がある。「物質など見渡す限り豊富に存在するではないか」と思う人もいるだろうが、こうしたイメージは、地球表面にへばりついて生きている人類の錯覚である。宇宙全体で見ると、天体の間隙にはきわめて広大な真空領域が存在しており、物質はほんのわずかしかない。

縮尺を1000億分の1にして現在の宇宙を眺めると、太陽は直径1・4センチメートルの球、地球はそこから1・5メートル離れた所を周回する直径0・1ミリメートルの球で、海王星の軌道半径は45メートル、太陽に最も近い恒星であるケンタウルス座プロキシマ（かつて最も近い恒星と思われていたケンタウルス座アルファの第2伴星）は400キロメートルの彼方にある。宇宙空間は、文字通りスカスカなのである。宇宙に物質があるのが当たり前のことならば、これほど物質がわずかしかないのはなぜなのか？

もう一つ、物質の種類が多様な理由も、説明がなされるべき性質である。宇宙には、軽いものは水素・ヘリウムから、重いものはトリウム・ウランなど、90種類ほどの元素が存在する。これほど多種類の元素がはじめから存在するとは考えにくく、何らかの形で作られたはずだが、それはどのようなプロセスによるのか？

現代的な宇宙論は、これらの問いに、完璧ではないものの、ほぼ満足のいく形で答えることができる。鍵となるのは、この宇宙がマザーユニバースから誕生して、10分ほどの間に起きた出来事である。

場が物質を生み出す

空間は、たとえ全く物質を含んでいない場合でも、何の物理現象も引き起こさない空っぽの容器ではない。さまざまな場と一体化し、物理現象の担い手となっている。そのことを明瞭に示すのが、光の伝播である。

光学望遠鏡で遥か彼方の天体まで観測できることからわかるように、光は、ほとんど何もない宇宙空間を伝播してくる。光すら伝わらない真の〝虚空〟は、想像するのも難しい。惑星が運動しても背後にある天体の光学像が何ら乱されないことから、光波の媒質《ばいしつ》が音波を伝える空気のような物質と質的に異なることは早くから認識されていたが、その実態が正しく理解されるのは、20世紀に入ってからである。アインシュタインの相対論が明らかにしたのは、光の媒質を空間から切り離すことはできず、空間におけるあらゆる場所が電磁気的な現象を引き起こすという事実だった。このように空間と一体化した電磁気現象の担い手は、物理的実体としての「場」だという観点から、電磁場と呼ばれる。

20世紀初頭の時点では、物理現象を引き起こす場として、電磁場だけが想定されていた。しかし、1920年代末になると、物質そのものが場から生み出されるという理論——場の量子論——が考案される。この理論によると、物質は、19世紀の物理学者が想定した原子のような実体ではなく、物質の場が振動することによって生じる粒子的な状態である。

物質が原子（あるいは電子とイオン）のような粒子から構成されていることは、19世紀以来、さまざまな形で示唆されてきた。特に、電子の場合は、世紀の変わり目に質量と電荷が測定され、粒子であることは否定しがたい観測事実だと思われた。こうした紛れもない粒子が、どのようにして場から生成されるのだろうか？

ここで重要なのが、量子論の考え方である。20世紀初めの四半世紀に構築された量子論によると、結晶の振動エネルギーや原子の内部エネルギー、電子の角運動量などの物理量が、それまで考えられていたような連続的な値ではなく、とびとびの値しか取れないことが示された。例えば、固体比熱の理論によると、結晶内部で原子が振動するときのエネルギーは、基準となるエネルギーの整数倍にしかならない。この基準エネルギーは、「エネルギー量子」と命名された。結晶全体の振動エネルギーは、エネルギー量子というエネルギーの〝塊〟が何個あるかという形で表現できる。振動が波の形で伝わるときは、エネルギー量子が移動することになり、その際、移動に伴う運動エネルギーが付け加わる。

こうした性質は、結晶に限らず、振動するあらゆるものに共通する。したがって、電磁場のような振動する場に量子論を適用すると、エネルギー量子があたかも粒子のように振る舞うことが示される。これが、場から〝粒子のようなもの〟が生み出されるメカニズムである。こうした粒子的なものは、素粒子と呼ばれる。物質を構成する電子や（少し後で説明する）クォークも、こうした素粒子の一種である。

物質が場から生成されることを理解しにくくするのが、「質量は保存される」というアントワーヌ・ラヴォアジエ以来の物質観である。原子論的な発想では、質量とは「物質の量」のことであり、「1グラムの物質同士を反応させると、2グラムの物質になる」と仮定された。質量が保存されるならば、宇宙のはじめには現在と等量の質量が存在していたはずであり、物質が存在しないマザーユニバースからどうやって質量がもたらされたのか、説明できそうにない。しかし、20世紀の物理学は、長く自然界の基本法則と信じられてきた質量保存則を、完全に否定した。

質量が保存しなくても旧来の物理学が破綻しないことを保証するのが、アインシュタインが提唱した「質量とエネルギーの等価性」であり、$E=mc^2$ という有名な式で表される（Eはエネルギー、mは質量、cは光速を表す）。エネルギーと質量は等価なので、本来同じ単位で表さなければならないのだが、物理量の単位は、「1グラムは1立方センチメートルの水の質量」「1メートルは地球の子午線《しごせん》の長さの４０００万分の１」などのように、物理法則を使わず人間が勝手に決めてしまったので、エネルギーと質量の単位の換算をするのに、光速の２乗という係数が必要になった。

この式についていろいろな説明がなされるが、ここでは、「ある領域に閉じ込められた内部エネルギーは、外から見ると、その領域の質量として観測される」と言っておこう。例えば、電子の場合、場の振動によるエネルギー量子なので内部に場の振動エネルギーが閉じ込められているが、これが電子の質量であり、電磁場などから力が加わったときの慣性（加速されにくさ）を決定する。また、ニュートンの重力理論で重力は質量によって生み出されるのに対して、アインシュタインの一般相対論になると、内部にあるエネルギーの総量が重力を決定する。

現代の物理学では、エネルギー保存則は（時間が持続する限り）厳密に成り立つ物理法則だが、質量保存則はそうではない。人間の生活圏では、通常、運動エネルギーやポテンシャルエネルギーが物質内部に閉じ込められたエネルギーに比べて何桁《けた》も小さいので、エネルギー保存則で他のエネルギーを無視することができ、質量だけが保存するように見える。これが、質量保存則が成立すると考えられた理由である。核反応や素粒子反応では、やりとりされるエネルギーが内部エネルギーと同じくらいの大きさになるため、質量保存則は、近似的にも成り立たない。

質量が「物質の量」ではなく「内部エネルギー」だと考えると、物質のないマザーユニバースから物質を含むわれわれの宇宙が誕生したことが、すんなりと納得されよう。この宇宙が誕生したのは、インフラトン場がポテンシャルエネルギーを解放した結果だと考えられる（少なくとも、そういう説がかなり有力である）。このとき、解放されたエネルギーによって物質の場が激しく振動し始めたため、膨大な数の素粒子が生まれてきたのである。この見方によれば、物質はビッグバンにおけるエネルギーの残滓《ざんし》であり、物質的現象は全て、始まりの瞬間にもたらされたエネルギーが引き起こしていることになる。

消える素粒子、残る素粒子

ポテンシャルエネルギーが解放されたことで、誕生した瞬間の宇宙はビッグバンと呼ばれるきわめて高温の状態となり、場が激しく振動して無数の素粒子が生まれた。しかし、このままでは、宇宙は無秩序に動き回る素粒子に満たされた混沌（カオス）でしかなく、天体が規則的に運行する秩序ある世界（コスモス）とはほど遠い。

コスモスが生まれる上で最も重要な出来事は、空間が膨張したことだった。マザーユニバースにおける膨張の勢いを保っていたビッグバン状態の宇宙空間は膨張し続け、それとともに、エネルギー密度は低下していく。このとき、質量のある素粒子かどうかによって、その後の宇宙史で果たす役割が大きく変わってくる。素粒子の質量は、静止させたときに内部に蓄えられている場の振動エネルギー（を質量の単位に換算したもの）であり、量子論の法則によって、エネルギー量子の値に固定される。全ての電子が等しく0・00091ヨクトグラム（1ヨクトグラムは1グラムの1兆分の1の1兆分の1）の質量を持つのは、物理法則によって質量の値が定まるからである。

質量を持つ素粒子は、常に質量分のエネルギーを内部に保持するので、空間が膨張してもエネルギーが薄まってしまうことはない。一般相対論によれば、エネルギーは重力を生み出すので、質量を持つ素粒子同士が万有引力を及ぼしあって凝集し、天体を形作る。

電磁場のエネルギー量子である光子は、電子と異なって、質量を持たない。光子のエネルギーは、場の振動が光速で伝わることに起因するものだけで、静止した状態でのエネルギーがないのである。このため、空間が膨張すると波長が伸びて光子のエネルギーそのものが減少し、しだいに暗く弱々しい光へと変化していく。ビッグバン直後には宇宙空間が光に満たされてギラギラ輝いていたが、数十万年経つと光子は人間の視覚では捉えられない状態になり、空間は暗闇に閉ざされる（詳しくは第3章）。

質量を持つ素粒子も、全てが残るわけではない。現在の標準的な理論によれば、素粒子は（数え方にもよるが）少なくとも20種類ほどあり、それぞれの素粒子を生み出す場が存在する。これらの場は互いに振動を伝えあうため、質量の大きな素粒子のエネルギーが他の場に受け渡されることで、質量の小さいいくつかの素粒子に〝崩壊〟することがある。例えば、電荷や相互作用の形が電子によく似た素粒子にミュー粒子があるが、電子の200倍以上の質量を持つため、すぐに電子（およびニュートリノと呼ばれる素粒子）に崩壊してしまう。

素粒子の消えるメカニズムとして特に大きな意味を持つのが、粒子と反粒子の対消滅《ついしょうめつ》である。詳しくは第10章で説明するが、素粒子の中には、粒子と反粒子というペアが存在するものがある。例えば、電子には陽電子と呼ばれる反粒子がある。反粒子は、粒子と同じ質量を持ち、相互作用の形式なども粒子とよく似ているが、電荷が逆である。真空にエネルギーを注入すると、粒子と反粒子の場が同じように振動してペアで生成されるが、これを対生成という。また、粒子と反粒子が衝突すると、それぞれの内部エネルギーの和に相当するエネルギーを放出して対消滅する。

ビッグバンの際に解放されたエネルギーによって全ての場が激しく振動すると、粒子と反粒子は〝ほぼ〟同数作り出される。しかし、空間膨張によって温度が低下するうちに、粒子・反粒子の対生成を起こすにはエネルギーが不足するようになり、この後は対消滅だけになって、粒子・反粒子ともに急激に減少していく。こうなると、全ての粒子と反粒子が対消滅してなくなってしまいそうだが、幸いなことに、粒子と反粒子は完全に同数ではなく、ビッグバンの直後には、ほんのわずかだけ粒子の方が反粒子よりも多くなっている。このため、対消滅が続いて反粒子が全て失われても、少しだけ粒子が残ることになる。

この残された粒子が、宇宙空間に存在する物質の構成要素となる。宇宙に物質が存在するのは、粒子と反粒子の間の対称性が完全でなかったからである。

大量のエネルギーを獲得した場の振動から生じたビッグバンの混沌状態は、空間膨張によるエネルギー密度の低下と対消滅を通じての粒子数の減少が起きたため、しだいに終息していく。こうして、現在のように、何もない広大な空間の中にわずかに天体が点在する宇宙が実現されたのである。

物質の構成

ビッグバン直後の混沌期が終わった段階で、ある程度以上の個数が残存する素粒子は、種類がかなり限られる。一時的に現れては消えるもの（核反応に関与するパイ中間子やW粒子など）と、いまだに正体がわからない暗黒物質（第3章で説明する）の素粒子を別にすると、次の５種類だけである。

光子——電磁場の振動による素粒子。化学反応を含むさまざまな相互作用によって頻繁に生成・消滅するため、宇宙全体では、膨大な数が存在する（きわめてエネルギーの小さい光子は、一個一個を識別することができないので、個数は不定だと言った方がよい）。

ニュートリノ——恒星内部の核反応や超新星爆発（大質量星が最期に起こす大爆発）などによって生成され、そのまま宇宙空間に放出される。他の素粒子とほとんど反応しないため、人体はもちろん、地球程度の天体はほとんど素通りしていき、光速に近いスピードでひたすら宇宙空間を飛び回る。わずかに質量があるため、大量に集まることで銀河の重力に寄与している可能性もあるが、詳しいことはわかっていない。

電子——恒星内部の核反応などによって反粒子である陽電子とともに生成されるので、宇宙空間には大量に存在する。

クォーク——物質を構成する素粒子。素粒子論の標準模型によると6種類存在するが、通常の物質に含まれるのはuクォークとdクォークの2種類で、それ以外の重いクォークは、すぐに崩壊してuかdに変わってしまう。グルーオンを介して他のクォークと強く引きつけあうため、孤立して存在することができず、必ず複数のクォークが集まって陽子・中性子のような複合粒子を形成する。

グルーオン——クォーク同士を結合させる素粒子とされるが、クォークの周りに強度の大きな場として拡がっており、エネルギー量子となって孤立した粒子のように振る舞うことはない。

ここでは、物質の構成要素となる電子・（uおよびd）クォーク・グルーオンに注目しよう。

クォークは、グルーオンを介した核力《かくりょく》によって他のクォークと強く相互作用し、（クォーク・反クォークのペアを別にすると）３個が集まって一つの複合粒子を作る性質がある。ただし、こうしてできた複合粒子のほとんどは不安定ですぐに壊れてしまい、単独で安定した状態を保てるのは、uクォーク２個とdクォーク１個が結合した陽子だけである。陽子は、電気素量《そりょう》（電子が持つ電荷の絶対値）に等しいプラスの電荷を持ち、質量が電子の１８３６倍になる。質量の大部分は、クォークの周囲に拡がるグルーオンの場と、凝集したクォーク・反クォークのペアが持つエネルギーに起因する。

uクォーク１個とdクォーク２個が結合した中性子は、電荷がゼロで、質量は陽子よりも０・１４パーセント大きい。陽子や中性子は、グルーオンの場や凝集したクォーク・反クォークペアが周囲にしみ出すため、陽子同士・中性子同士・陽子と中性子が互いに引き合う力を及ぼす。この力を、核力という。陽子と中性子は、この核力によって固く結合し、原子核と呼ばれる粒子を形成する。中性子は、孤立させると10・３分の半減期（個数が半分に減る時間のことで、詳しくは第10章で解説）でベータ崩壊を起こして陽子に変わる不安定な複合粒子なので、宇宙空間に単独で長く存在することはできない。しかし、核力によって他の陽子や中性子と結合し原子核を構成すると、安定化して崩壊しなくなる場合がある。

安定な原子核は、自然界に２７０種類ほど存在する。小さな原子核では、陽子と中性子の個数がほぼ等しいときに安定化し、陽子と中性子の個数がアンバランスになると、不安定化して内部の陽子や中性子が崩壊する。例えば、陽子が6個の原子核（元素としては炭素に当たる）のうち存在が確認されたものは、中性子2個の炭素8（元素名の次に記された数字は、原子核に含まれる陽子・中性子を併せた個数を示す）から中性子16個の炭素22まで15種類に及ぶが、大部分が瞬間的に崩壊して別の原子核に変わってしまい、安定な原子核は、中性子6個の炭素12と中性子7個の炭素13だけである。中性子8個の炭素14は、半減期が５７００年という長寿命の不安定原子核となる。

構成要素となる粒子が陽子と中性子の2種類しかないにもかかわらず、安定な原子核の数が多いのは、核力がきわめて強く、陽子・中性子が固く結合するため、原子核が容易には壊れないからである。安定な原子核が変化するのは、他の高エネルギー粒子が衝突してくるような極端な環境下に限られる。人間の生活圏に存在するのは、安定な原子核か長寿命の不安定原子核だけで、高エネルギー粒子もほとんどないため、自然放射能による放射性崩壊や原子炉内部での核分裂などわずかな例外を除いて、原子核は不変の構成要素と見なすことができる。

原子核はプラスの電荷を持つので、マイナスの電荷を持ち質量が小さく移動しやすい電子を引き寄せる。原子核の周囲に、原子核内部の陽子の個数と同じだけ電子が集まったものが、電気的に中性な原子である。原子核の近くにある電子は、クーロン力で強く束縛されているものの、外側の電子はかなり自由に動き回れる。

原子が接近したとき、外側の電子が間に移動することで原子同士を結合する力となり、分子や結晶が作り出される。分子を構成する原子の個数に制限はなく、生体高分子の分子量（分子の質量を原子質量単位を基準として表したもので、内部に含まれる陽子・中性子の総数とほぼ等しい）は、タンパク質では数千から数万になる。核酸になると、塩基対がどこまでも連なるので、限りがない（何十億、何百億という数値になる）。こうした分子や結晶が関与する化学反応は、事実上、無限の多様性を持つ。

このように、電子・クォーク・グルーオンという素粒子が組み合わされると、多様性と安定性を併せ持つ世界が構築される（図2-1）。しかし、多くの種類がある安定な原子核は、そもそも、いかにして宇宙にもたらされたのだろうか？

元素はいかにして合成されたか？

ある原子がどのような化学反応を起こすかは、原子核が持つ電荷によってほぼ決定される。このため、化学反応の仕方で区別される元素は、原子核に含まれる陽子の個数（原子番号と呼ばれる）をもとに分類することができる。原子番号が同じで中性子数が異なるものは、同じ元素の同《どう》位《い》体《たい》と見なされる。

宇宙には、90種類ほどの元素が天然に存在している。最も多いのが水素（原子番号1）で、重量

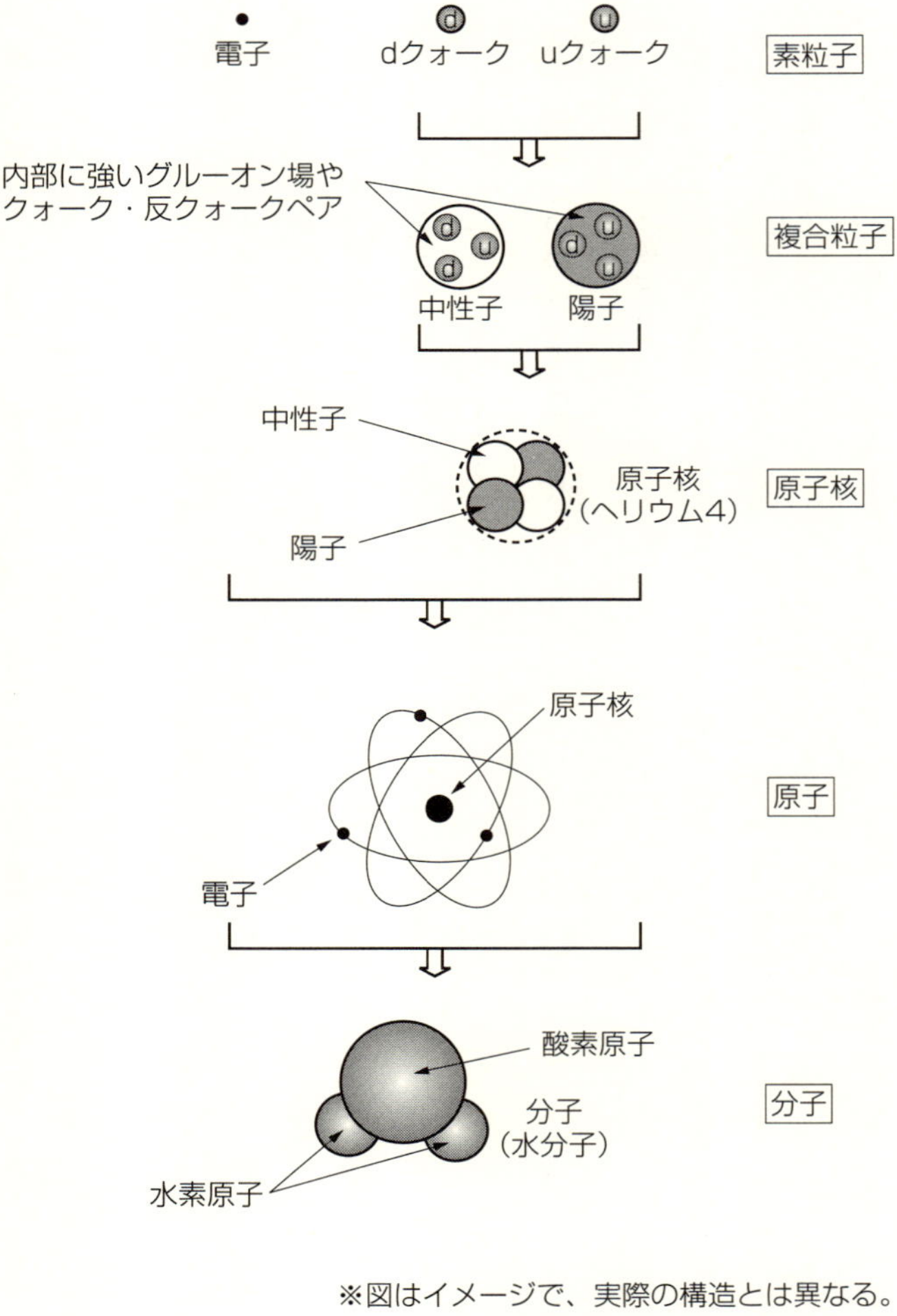
電子
dクォーク
uクォーク
素粒子
内部に強いグルーオン場や
クォーク・反クォークペア
d
d
u
d
u
u
中性子
陽子
複合粒子
中性子
原子核
（ヘリウム4）
陽子
原子核
原子核
原子
電子
酸素原子
分子
（水分子）
水素原子
分子
※図はイメージで、実際の構造とは異なる。

図2-1　物質の構成

比で全体の73％を占める。次いで、ヘリウム（原子番号2）が25％となり、残り2％が他の元素の割合となる。原子番号が3～5のリチウム、ベリリウム、ホウ素の割合は極端に小さく、ヘリウムの次に多いのは、酸素（原子番号8）である。これ以降は、原子番号が大きいほど比率が小さくなる傾向があるが、一般に、原子番号が偶数の元素は隣り合う奇数のものよりも多く、また、鉄のように、原子番号の近い他の元素に比べて、突出して多いものもある。

これらの元素は、宇宙史のある段階で合成されたはずだが、いつどのようにして合成されたかは、長らく謎だった。問題は、陽子がプラスの電荷を持つため、電気的な反発力を乗り越えて多数の陽子と中性子を融合させるには極端な高温・高密度状態が必要なことで、そうした環境が実現されるケースを扱う理論が未熟だったのである。

この問題に最初に挑戦したのが、ガモフである。彼は、宇宙初期に元素合成が可能な環境が実現される可能性に思い当たり、1948年、学生のラルフ・アルファと協力して、始まりの瞬間に存在するのは（当時は内部構造のない素粒子と見なされていた）中性子だけだとする仮定の下に、どのような核反応が起きるかを考察した。

彼らの考えによれば、中性子は電気的な反発力を受けずに他の原子核と衝突できるので、初期宇宙の高温・高密度状態の中で原子核が中性子を次々に取り込んでいくはずである。原子核内で過剰になった中性子はベータ崩壊を起こして陽子に変わるので、中性子を取り込んだ原子核は、原子番号の大きな元素に変換される。こうして、ビッグバンの直後に、現在の宇宙に存在する全ての元素が合成された——というのが、「αβγ理論」である。

ちなみに、αβγとは、論文の著者として挙げられているアルファ、ベーテ、ガモフの名をもじった洒落だが、実は、この洒落を言いたいがために、ガモフがハンス・ベーテに名前だけ借りたというオチがある。

ガモフがこの理論を提唱したのは、単に、中性子のみの方が元素合成が容易に起きるからだけではなく、「始まりの瞬間に存在するのは、陰陽に分かれる前の中性の物質だ」と仮定する方が自然に感じられたからではないだろうか。だからこそ、彼は、最初に存在した濃密な中性子ガスを、〝始原物質〟を意味する「アイレム(Ylem)」なる特異な名称で呼んだのだろう。

しかし、林忠四郎《はやしちゅうしろう》の指摘によって、このアイデアはうまくいかないことが明らかになる。初期の高温状態では、対生成によって電子と陽電子が多量に存在するが、中性子と陽電子が衝突すると陽子に、陽子と電子が衝突すると中性子に変化する(話を簡単にするため、ニュートリノの関与は無視する)。このため、たとえ最初に多量の中性子が存在したとしても、すぐに素粒子反応の平衡状態が実現されて、陽子と中性子の密度は同程度になる。その後、温度が低下するにつれて、陽子よりわずかに質量の大きい中性子の方が生成されにくくなり、中性子がベータ崩壊で陽子に変わることもあって、中性子の割合はどんどんと減っていく。さらに、空間膨張によって温度と密度が低下することで、原子核と中性子の衝突の頻度も下がってくる。こうなると、αβγ理論のように、全ての元素が次々と生成されるというわけにはいかない。

現在の元素合成理論は、次のようなものである（図２－２）。

宇宙のごく初期から存在するクォークは、ビッグバンから1万分の1ミリ秒ほど経過して温度が1兆度以下になると、グルーオンとの相互作用を介して自然に合体し、陽子や中性子を形作る。初期宇宙での核融合は、ビッグバンの数秒後、温度が約１００億度になった頃に始まり、10分近くにわたって継続したと考えられる。

まず、陽子と中性子が衝突して、陽子1個・中性子1個から成る重水素の原子核が合成される。次いで、重水素同士が衝突して、三重水素（陽子1個・中性子2個）と陽子、または、ヘリウム３（陽子2個・中性子1個）と中性子になる（重水素と陽子ないし中性子の反応は、重水素同士の反応に比べて頻度が低い）。続いて、重水素と三重水素、または、重水素とヘリウム３の衝突によって、ヘリウム４（陽子2個・中性子２個）が作られる。さらに、ごくわずかなリチウムとベリリウムも合成される。

しかし、この後の核融合はなかなか進まない。何よりも、核融合の原料として重要な重水素の原子核が分解しやすく、充分に蓄積されないという問題がある。また、陽子と中性子が併せて5個ないし8個の原子核は、不安定ですぐに壊れてしまうので、元素合成の連鎖が絶たれてしま

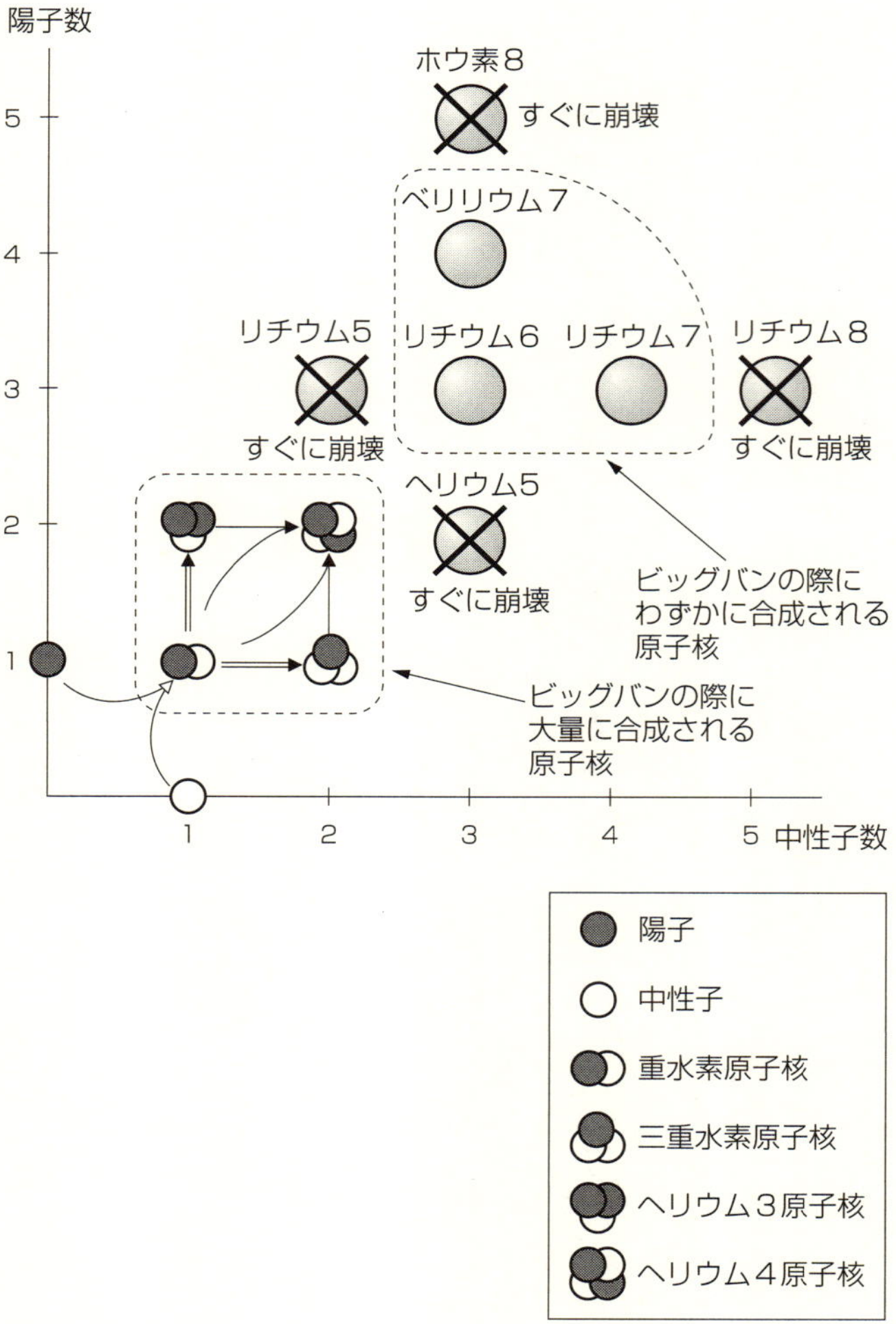

図2-2　ビッグバンにおける元素合成

う。そうこうしているうちに、空間が膨張して温度と密度が低下し、核融合を起こすことができなくなる。

ヘリウム４から炭素までの元素は、主に恒星内部での核融合で作られたと考えられる（この話題に関しては、第7章で解説する）。炭素から鉄までは、安定した状態にある恒星内部で起きる核融合と、大質量星が最期を迎えて潰れる際の超新星爆発で作られる。鉄より重い元素がどのように作られたかは、完全に解明されていない。ガモフのαβγ理論にあるように、大量の中性子が存在する環境に巨大なエネルギーが供給される状況下で合成されたはずだが、こうした状況としては、超新星爆発か、連星系を形成していた二つの中性子星（超新星爆発の後に残る高密度星で、ほとんど中性子だけから構成される）が接近して衝突するケースが考えられる。どちらのケースが重い元素の主たる供給源になったのか、研究が続けられている。

初期宇宙で合成されるヘリウム４と水素の存在比を理論的に求め、恒星内部での核融合を考慮した補正を加えれば、現在の宇宙における観測データとよく一致する。こんにちでは、ヘリウム４の核融合過程に関する理論は確立されたものと見なされ、初期宇宙の膨張率や素粒子論に対する制限を求める際に応用される。重水素に関しては、恒星内部で簡単に破壊されるために、現在の観測データから初期宇宙での存在比を推測して理論と比較するのは限界があるが、理論と観測は整合的だと言ってよい。

安定性と多様性の起源

ここまでは、物質に関する既知の理論とビッグバン宇宙論を結びつける話をしてきたが、より根本的な問題がある。

物質は、固く結合して初期宇宙や恒星内部などの特殊な環境下でしか変化しない原子核と、電気的な力によってその周囲に弱く束縛された電子から構成される。この構成が、世界における安定性と多様性の起源である。原子核は、強い核力によって陽子と中性子が100兆分の1メートルほどの狭い範囲に結合したもので、このうち270種類ほどの安定な原子核は、1原子当たり化学変化の100万倍ものエネルギーを注入しない限り核変化を起こさない。

このことは、人類が存在するために、本質的な要件である。もし、炭素の原子核が簡単に変化するならば、炭素骨格（炭素原子が鎖状につながったもの）によって構造が維持されるDNAなどの生体高分子がすぐに壊れてしまうので、高等生物が誕生することは困難になる。一方、原子核の周囲にある電子が引き起こす化学変化は、核反応に比べると遥かに小さいエネルギーで起き、多くの種類を持つ分子や結晶を作るので、世界に多様性を生み出す。

このように、物質における相互作用が、安定な原子核を作る強い核力と、電子を緩くつなぎ止める弱い電磁気力という二つのタイプ——実は、もう一つ、ベータ崩壊などにかかわる弱い核力とでも言うべき力があるが、ここでは重要ではない——に分かれていることは、宇宙の歴史と何らかのかかわりを持つのだろうか？

一つの仮説として、自然界に存在する相互作用は、もともと素粒子を狭い範囲に閉じ込める一種類しかなかったのに、マザーユニバースから宇宙が誕生した直後、元の相互作用にあった「ゲージ対称性」という性質が全くの偶然によって壊れ、その結果として、核力と電磁気力の二つに分離したという考え方がある。この仮説が正しいとすると、われわれの宇宙が安定性と多様性を兼ね備えているのは、宇宙初期における偶然の産物ということになるのだが、真相はいまだ不明である。

第3章

残光が宇宙に満ちる

――宇宙暦100万年まで

現在の宇宙で最も目立つ存在である恒星が誕生するのは、ビッグバンから数千万年以上が経過した頃である。それ以前の宇宙は、タイムマシンで時間を遡って目の当たりにできたとしても、さして面白いものではない。

例えば、ビッグバンを元年とする宇宙暦で5万年の時点に降り立ったとしよう。超高性能の耐熱服に身を包み外に飛び出しても、どこもかしこも同じように白くギラギラと輝く光景が見えるだけである。このときの温度は約1万度であり、ヘリウム原子核が合成される宇宙暦数分での数億度からするとずいぶん冷えてはいるものの、いまだに太陽の表面温度（約6000度）よりも高い。宇宙空間に構造らしいものは何もなく、物質と言えば、電子と陽子、それに少量の重水素とヘリウムの原子核がバラバラに飛び回っているだけである。天文ファンからすると、こんな宇宙には何の面白みも感じられないだろう。

しかし、宇宙論を勉強する者にとって、この時期はそれなりに面白い。何と言っても、高校の化学で教わるような「電離《でんり》平衡《へいこう》」の式が、遥か過去の宇宙にそのまま適用できるのだから。しかも、この式の正しさを実証してくれるかのように、誕生してわずか数十万年という幼い宇宙のスナップショットが、背景放射として現在に送り届けられてくる。まさに、宇宙からの贈り物である。

本章では、この時期の状況について、背景放射の観測史を交えながら説明していきたい。

宇宙の晴れ上がり

「夜空はなぜ暗いのか？」という謎がある。謎の立て方や解答の仕方にいくつものパターンがあるため簡単には説明はできないものの、「現在の宇宙が、初期のように明るくないのはなぜか」という謎なら、「宇宙空間が膨張したから」という端的な解答がある。宇宙暦５万年の時点では、宇宙空間は太陽表面よりも熱く輝いていたが、空間膨張が続いてエネルギー密度が低下したため、昔のような輝きが失われたのである。

ただし、輝いていた時期は、熱エネルギーは豊富にあっても揺らぎがないために、複雑な物理現象は何も起きない。複雑な現象は、エネルギー密度の高い領域と低い領域があり、エネルギーの流れが生じて初めて可能になる（このことは、食物というエネルギーの豊富な物質を代謝することで生命活動を維持している人間にも当てはまる）。初期の宇宙は、エネルギー密度がほぼ一様であるため、複雑な構造が形成されることもなく、単純な熱力学によって記述できるような現象しか起こらない。

宇宙暦100万年頃までに何が起きるかを見ていこう。ビッグバンから数十秒の間に陽電子などの反粒子は粒子と対消滅を起こし、その後の宇宙には、ふつうの物質の構成素材となる電子と陽子、それに、いくつかの原子核だけが残される。宇宙暦数千万年に最初の恒星が誕生する以前、宇宙空間に存在する元素には、水素（重水素を含む）、ヘリウム、ごくわずかのリチウムなどがあるが、ここでは、宇宙の晴れ上がりにあまり関与しないものを無視し、電子・陽子以外には水素原子だけを考えることにする。

水素原子は、電気的な引力によって陽子の周りに1個の電子が束縛された状態で、最も小さな原子である。現在の地球上では、単離した水素原子はほとんど存在せず、すぐに化学反応を起こして水などの水素化合物になるが、初期の宇宙は、水素化合物があったとしてもすぐに分解してしまうほど温度が高く、宇宙暦数十万年頃までは、電子と陽子が飛び回っているうちに結合して水素原子になったり、水素原子に他の粒子が衝突して電子と陽子に分かれたりという反応を繰り返していた（図3-1）。

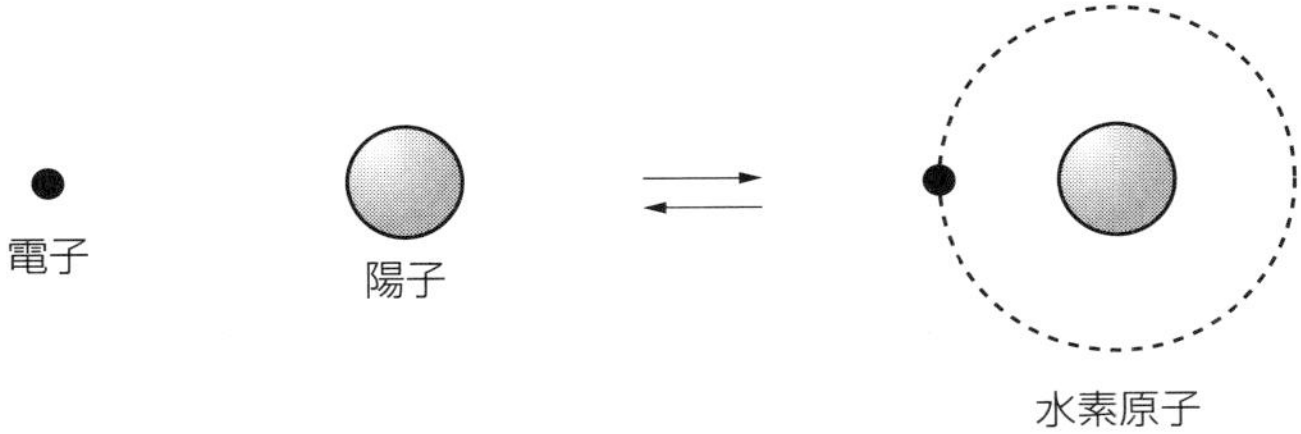

図3-1　電子・陽子と水素原子

ここで、中学の化学で学ぶ電解質のことを思い浮かべていただきたい。例えば、酢酸を水に溶かすと、酢酸分子のうちの一部が水素イオンと酢酸イオンに電離するが、宇宙空間における水素原子も、水に溶けた酢酸分子と同様に電離して、(水素イオンと同じものである) 陽子と(酢酸イオンに相当するものがないので) 単独の電子に分かれる。

電子や陽子の密度を求めるには、高校化学で学ぶ電離平衡の考え方が役に立つ。電離平衡が成り立っているときには、電離や再結合のような過程は引き続き生起するものの、二つの過程の頻度が等しいので、電解質やイオンの濃度は一定に保たれる。

宇宙空間でも、これとよく似た平衡状態が、電子・陽子と水素原子の間で実現されたと考えられる。そこで、電解質の電離平衡の式と同じものを立て、大学レベルの熱力学を使って温度の関数として求めた電離定数を当てはめると、水素の電離度 (全ての陽子の中で電子と結合していないものの割合) を計算することができる。その結果が、図３－２のグラフである。

このグラフに示されるように、電離度は、温度が４５００度以上で

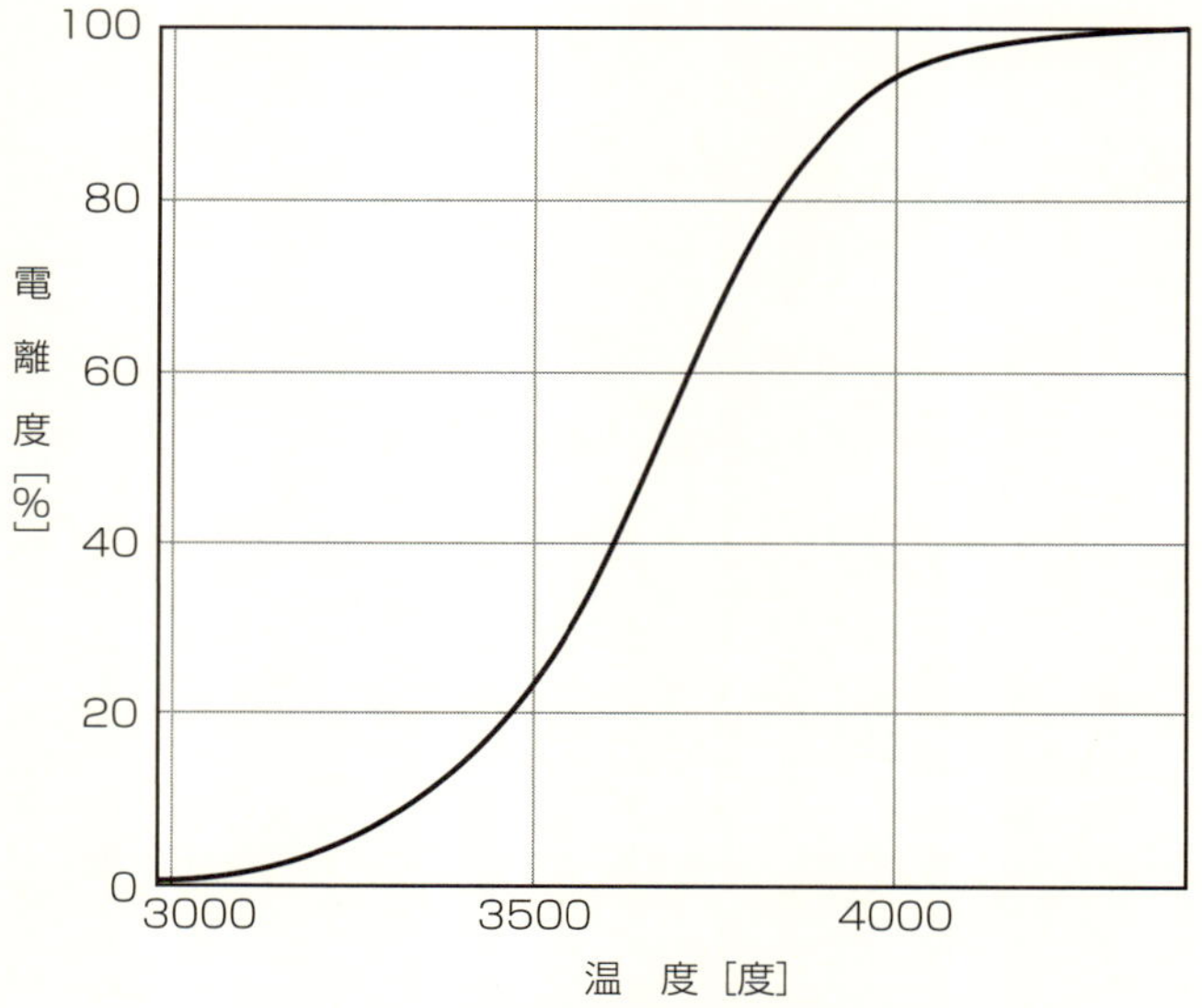

図3-2　電離度と温度との関係

は１００％に近いが、４０００度を切る辺りから急激に減り始め、宇宙暦38万年頃の温度である３０００度では１％以下になる。宇宙の温度は、空間が膨張するにつれてどんどん低下していくが、４０００度から３０００度に下がる十数万年の間に、バラバラに動き回っていた電子・陽子がなくなり、電気的に中性な水素原子ばかりになってしまう。

　自由に動く荷電粒子がなくなったことで大きな影響を受けるのは、当時の宇宙空間に満ちていた熱放射の伝播である。熱放射とは熱を持つ物体が放射する電磁波（光）で、やや黄色みを帯びた白である太陽の輝きは、６０００

度の太陽表面からの熱放射である。ストーブに手をかざすと、対流によって暖められた空気によるものとは別に、ストーブから直接伝わってくる熱が感じられるが、これは、熱放射が皮膚に吸収されて分子の熱運動に変わったためである。温度が数千度の宇宙空間には熱放射が満ちているが、自由に動き回る電子があるかどうかによって、この熱放射の伝わり方が大きく変わる。

電解質の水溶液に電場を加えると、電荷を持つイオンが移動して電流が流れるが、宇宙空間に自由に動ける荷電粒子がある場合も、電場の変化に応じた運動が生じる。熱放射のような電磁波は、電場・磁場の振動が波として伝わっていくものなので、途中に電荷を持つ粒子があると、これらの粒子に力を及ぼして揺さぶり、その反作用で自身は散乱される。例えば、金属は、金属イオンが整然と並ぶ間隙を電子が自由に動き回る物質なので、金属に照射された光は電子にぶつかって散乱される。金属がキラキラした金属光沢を持つのは、そのせいである。

宇宙でも同様で、温度が4000度以上で電子が自由に動き回っているときには、光は電子に散乱されてまっすぐには進めない（電子の2000倍近く重い陽子は光の振動に追随できないため、影響は小さい）。ところが、宇宙空間が膨張して温度が下がり、電子と陽子が結合して電気的に中性な水素原子に変化し始めると、光はしだいに散乱されにくくなる。宇宙暦38万年頃、温度が3000度付近まで低下すると、宇宙空間はほぼ透明になって、光はまっすぐ進むようになる。

こうした変化は、ちょうど、霧がかかって見通しの利かない状態から、光を散乱していた微小な水滴が蒸発し霧が晴れた状態へと変わる過程に似ているので、「宇宙の晴れ上がり」と呼ばれる。

晴れ上がりの時点で出された3000度の熱放射は、もはや散乱されることなく、そのままどこまでもまっすぐ進み続ける。中性の水素原子は、宇宙暦数億年になって多数の恒星が輝くようになると、その光の作用で再び電離するが、この再電離が起きた頃には、すでに水素ガスなどの密度はきわめて低くなり、ほとんどの光は散乱されることなく直進できる。こうして、宇宙暦38万年に発せられた光は、138億年が経過した今なお宇宙空間を進み続けている。これが「宇宙背景放射」である。

宇宙背景放射は、宇宙空間のあらゆる場所に存在する太古の光である。この光が映し出す光景は、宇宙暦38万年における宇宙のスナップショットとなっている。

背景放射の観測史

宇宙背景放射は、宇宙暦38万年頃、温度3000度に熱せられた電子や陽子から発せられた熱放射である。こうした熱放射の場合、波長に対する強度の分布曲線は、プランク分布と呼ばれる特定の形になることが知られており、宇宙背景放射も、もともとは3000度のプランク分布の曲線を描いていた(図3−3)。3000度の熱放射のピークは可視光線よりも赤外領域にずれた

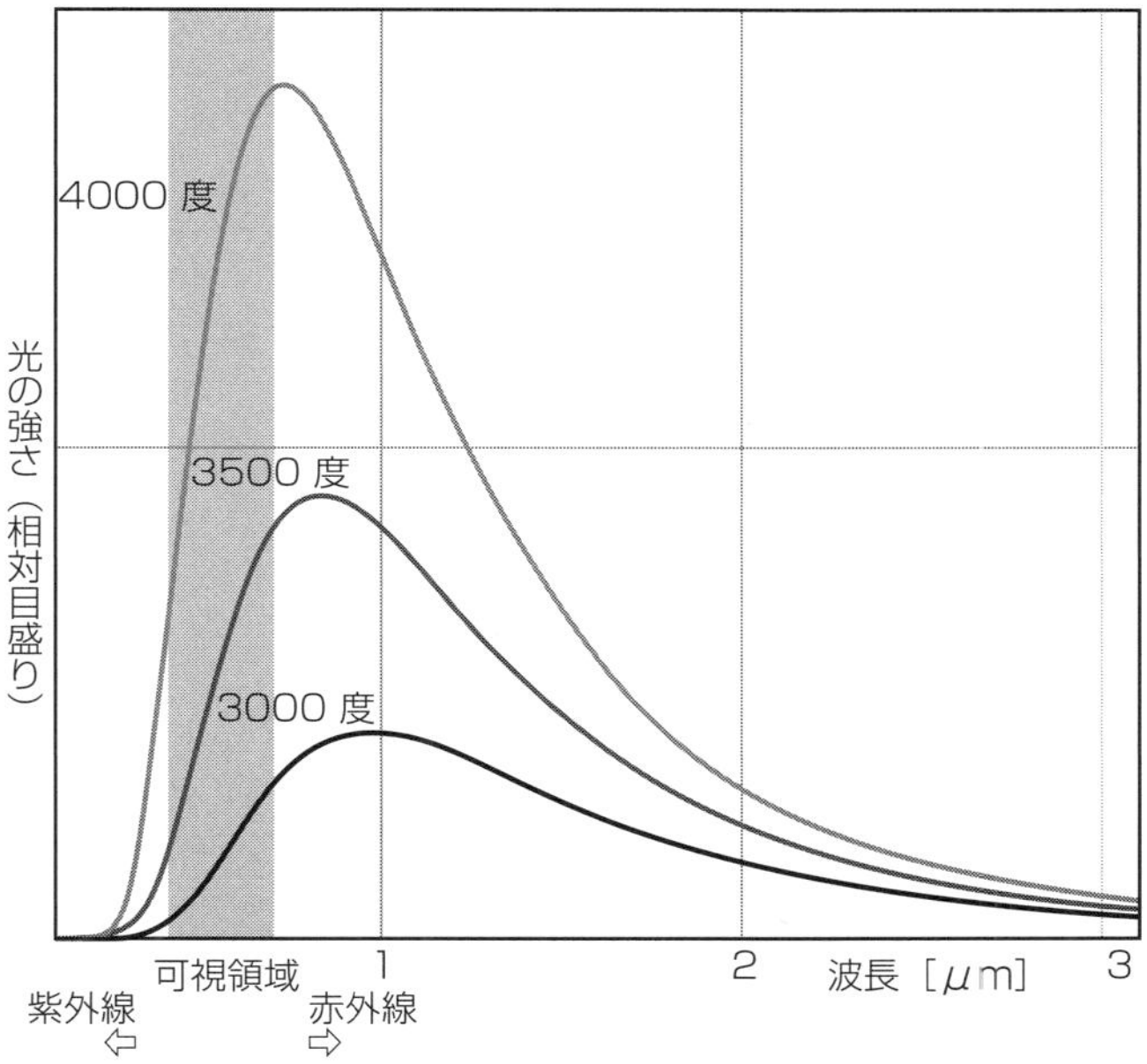

図3-3　プランク分布

ところにあるが、それでも、高炉でドロドロに溶けた銑鉄《せんてつ》（2千数百度）よりも白っぽく輝く。

しかし、宇宙空間が膨張するとともに波長が引き伸ばされ、分布のピークは、どんどんと波長の長い方へと移動していく。宇宙暦100万年頃には大部分が可視光線でなくなって目に見えなくなり、恒星の光が届かない宇宙空間は暗闇に覆われる。それとともに、背景放射の分布曲線は、温度の低い熱放射のカーブに移行する。何度の熱放射になるかは、宇宙空間がどれくらい膨張したかによって決まる。

ビッグバン宇宙論の研究者は、現在の宇宙で観測される背景放射の温度について、かなり早い時期から理論的な予測を行っていた。1950年には、アルファとロバート・ハーマンが絶対温度5度という推定値を求めたが、この時点では、ビッグバン理論自体が学界で受け容れられていなかったので、あまり注目を浴びなかった（絶対温度とは、零下273・15℃を0度とする温度目盛りである）。

ビッグバン理論が注目されるようになるのは、1965年にアーノ・ペンジアスとロバート・ウィルソンによって宇宙背景放射が観測され、理論的な予測と一致する温度が得られてからである。彼らは宇宙論に関心があったわけではなく、衛星通信用に開発された高性能マイクロ波アンテナが拾うノイズの正体を突き止めようとしていた。指向性アンテナをどの方向に向けても同じノイズが受信されるので、天の川銀河内部の天体や市街地からやってくるものでないことは直ちにわかる。紛らわしいのは大気による放射だが、これも、水平面に対する角度に応じて大気層の厚さが変化することを考慮すれば、ノイズの大きさを見積もって影響を差し引くことができる。

こうして、考えられるあらゆる可能性をつぶしていき、ペンジアスとウィルソンは最終的に、残ったノイズの正体は宇宙の全ての方向から等しく飛来する放射だと結論した。観測されたのは、波長7・35センチメートルのマイクロ波だけだが、絶対温度で3・5±1・0度に相当する。

幸運なことに、同じ時期、ジム・ピーブルスらが初期宇宙で何が起きるかについて理論的な解析を進めており、元素合成の理論と組み合わせて、絶対温度10度程度の背景放射が観測されるという結論を得ていた。このことを知ったペンジアスとウィルソンがピーブルスらと連絡を取り、謎のノイズの正体が明らかになったのである。

その後、ピーブルスとロバート・ディッケらによる波長3・2センチメートルでの観測をはじめ、地上で背景放射の観測が相次いで行われ、3度前後の熱放射であることを確認するデータが集められた。しかし、大気による吸収があるため、地上の観測では充分な精度が得られない。そこで、より精密なデータを得るために、これまで3機の探査機が打ち上げられている。

最初に打ち上げられたのが、1989年のCOBE（Cosmic Background Explorer）で、地表から高度900キロメートルの衛星軌道上でさまざまな方位から飛来するマイクロ波を観測し、方位による温度の差異がきわめてわずかであることを見いだした。2番目の探査機が2001年に打ち上げられたWMAP（Wilkinson Microwave Anisotropy Probe）である。WMAPは、太陽と地球からの重力によって、常に太陽と地球を結ぶ直線上（地球から見て太陽とは逆の側）に位置しており、1年を掛けて太陽の周りを回る。COBEよりもさらに精密なデータを収集したほか、宇宙の物質組成などについて多くの知見を得た（図3－4）。3番目が2009年のプランク衛星で、前の2機がNASAのものであるのに対して、欧州宇宙機関が打ち上げた。視野はWMAPより

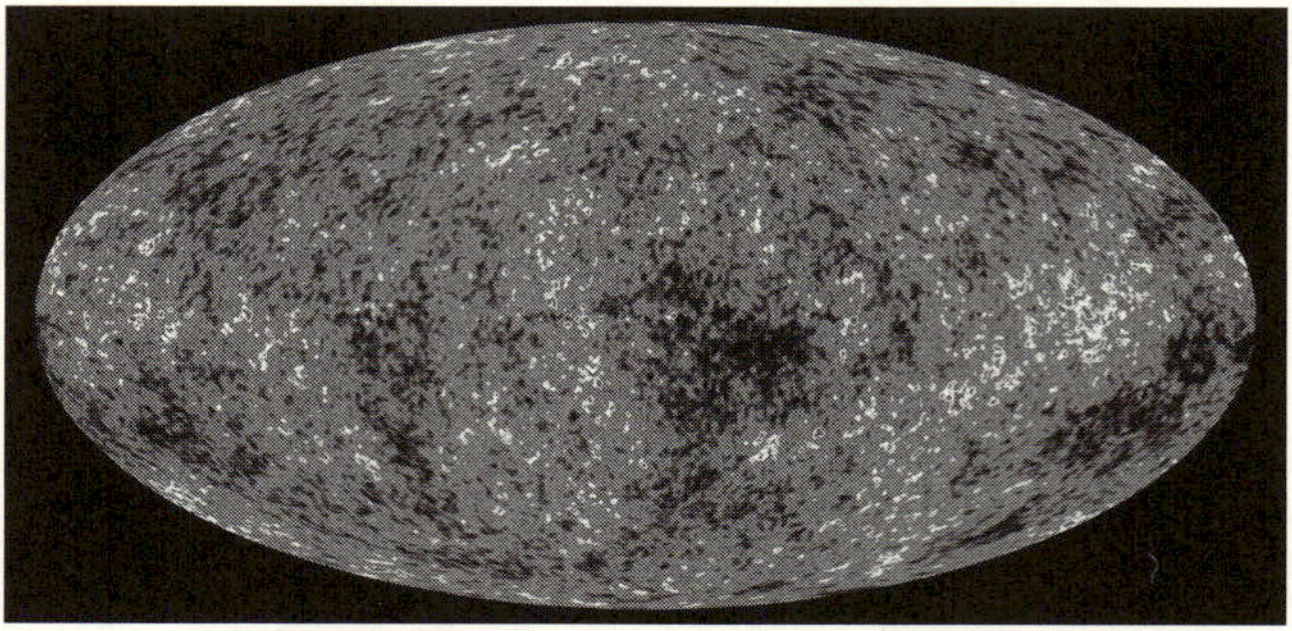

図3-4　WMAPによる背景放射のデータ（出典：NASA/WMAP Science Team）

狭いが精度は高い。

こうした観測の積み重ねによって、かつては「桁が合えばよい」というかなり大ざっぱな学問だった宇宙論は、今や精密科学に近いものとなっている。

終止符を打たれた定常宇宙論

背景放射の観測は、ビッグバン宇宙論と、その対抗馬であるフレッド・ホイルらの定常宇宙論のどちらが正しいかという論争に決着を付けることになった。

定常宇宙論とは、宇宙が永遠に同じ姿を保ち続けるという学説で、銀河同士が互いに遠ざかっているという観測事実と矛盾しないように、真空から物質が少しずつ生み出されることで平均的な物質密度が一定に保たれると仮定したものである。

しかし、この前提では、宇宙空間全域が絶対温度3度に加熱される理由はなく、背景放射のデータと合致しない。

定常宇宙論の支持者は、背景放射は遠方の銀河から放射される光が星間物質で散乱されたものだと主張したが、それでは、銀河の分布によらずにあらゆる方位から同じように背景放射が降り注ぐことが説明できない。

定常宇宙論は、もともと一部の研究者に支持されていただけだが、背景放射の一様性についてのデータが集まるにつれて学界では次第に顧みられなくなり、1970年代にはビッグバン宇宙論が定説としての地位を獲得する。

背景放射から何がわかるか?

背景放射は、宇宙暦38万年時点でのスナップショットだが、天体はおろか明瞭な構造は何もなく、ただ全天が同じような熱放射に満たされていることを示すだけなので、天体に興味のある天文ファンからすると、宇宙論研究者がなぜ大騒ぎしたのかと思われるかもしれない。しかし、このデータは、島影のない海図でも船乗りには多くの情報を与えてくれるのと同じように、宇宙論研究者にとって情報の宝庫なのである。

最も重要な知見は、背景放射が、全天のどの方位でも絶対温度2・73度の熱放射とほぼ完全に一致する点だろう。地表での観測でも、地球の自転によってさまざまな方位での背景放射を測定することができ、方位による強度の変化が±0・5%以下になると判明していたが、COBE

のデータはさらに精密で、どの方位でも、温度の揺らぎが10万分の1以下であることがわかった。地球から見た等方性だけでは奥行き方向のデータが得られないが、銀河分布などに関する他のデータなどと併せると、宇宙は、どの地点もほぼ同じ状態であり（一様）、そこからどの方位を見ても同じように見える（等方）という一様等方性を持つことがわかる。このことは、ビッグバンが単純な爆発ではなく、整然とした状態変化であったことを示す（第1章参照）。

背景放射は10万分の1の精度でどの方位でも同じだと書いたが、実は、COBEやWMAPの観測データには、温度にして0・1％程度の増減がある。ただし、これは背景放射そのものの揺らぎではない。ある方位で平均値より一定温度だけ高く、そこから離れるにつれて温度が下がり、反対方向では平均値より同じ温度だけ低くなるという温度変化の形から、観測点の運動に伴うドップラー効果だと解釈できる。

ドップラー効果とは、波源に対して観測者が近づくときには波長が短く、遠ざかるときには長くなるように観測される現象である（救急車が通り過ぎるときのサイレン音の変化は、音のドップラー効果の例として有名）。背景放射は全天から同じように飛来するものだが、地球は天の川銀河とともに秒速400キロメートル近くで運動しているため、ドップラー効果によって背景放射の波長が変化し、波長に対する強度分布がもともとの熱放射からずれて温度の差異となって観測されるのである。

ついでに言っておくと、この現象が「絶対運動は存在しない」とする相対論の前提に反すると誤解する人がいるが、ビッグバンという一つの事象についてエネルギー流のない基準系を考えたとき、これに対する相対運動が観測されるというだけであり、相対論と矛盾するわけではない。

天体からの背景放射

ここまでは、観測された背景放射が宇宙暦38万年という宇宙の晴れ上がりの時期に出された熱放射の残光だという前提で話を進めてきたが、それ以外の可能性はないのだろうか？　実は、背景放射には、天体からの光も混じっているのだが、その割合はあまり大きくないことが判明している。この問題は、有名な「オルバースのパラドクス」とも関係しているので、ここで説明しておこう。

オルバースのパラドクスは、前にも述べた「夜空はなぜ暗いのか？」という謎の一つのパターンで、ここでは、オリジナルの議論ではなく一般化された形で紹介する。話を簡単にするため、全ての天体は、同じ量の光を放射する恒星だとする。仮に、宇宙空間が無限の大きさを持つユークリッド空間で、天体の密度は、場所と時間によらずに一定だとすると、夜空はきわめて明るくなるはずである。

このことは、次のように考えるとよくわかる。天球上の特定の領域を考え、その領域内にある

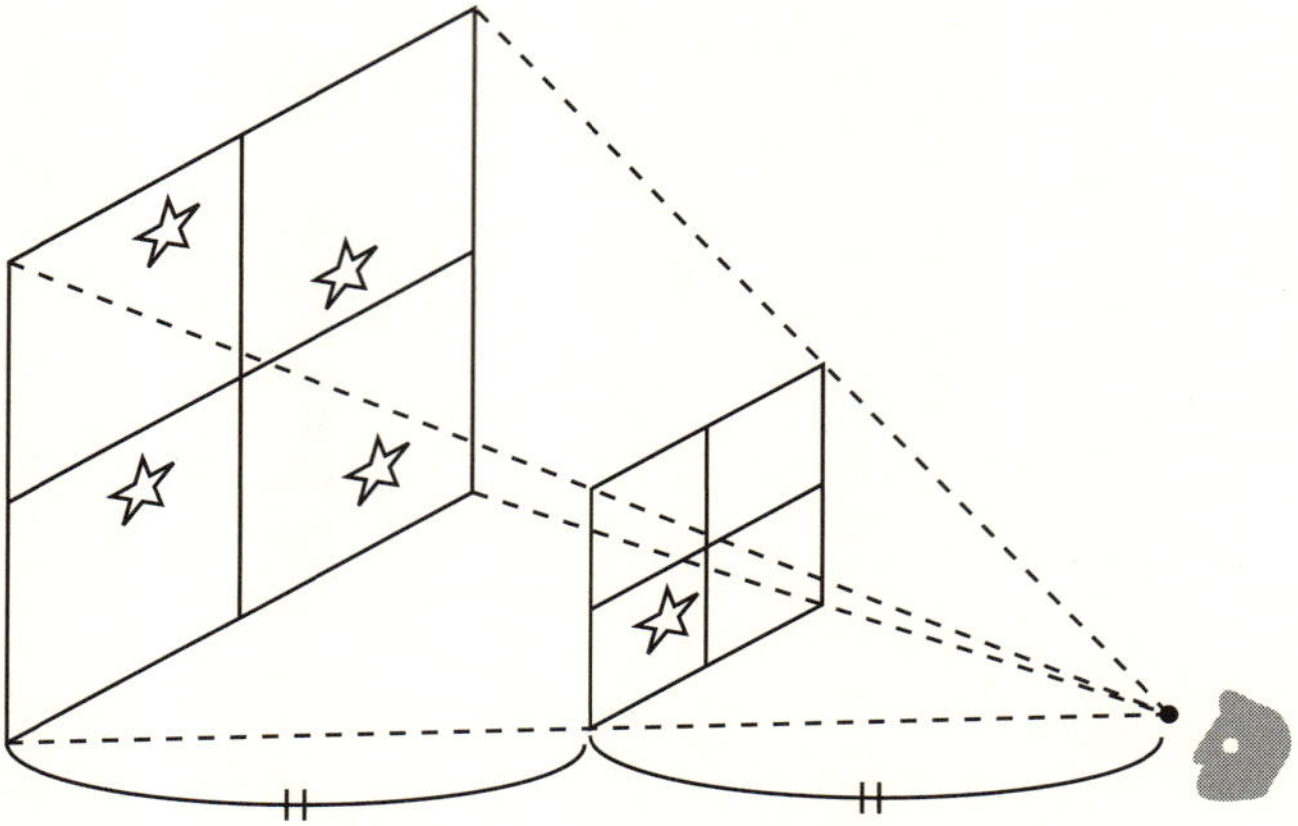

図3-5　オルバースのパラドクス

１００光年彼方の恒星からの（１００年前に出された）光と、２００光年彼方の恒星からの（２００年前の）光の量を比較してみよう。個々の恒星の見かけの明るさは距離が2倍になると（光が恒星を中心とする球面上に等しく拡がるために）4分の1になるが、恒星の総数は（天球上の領域に対応する面積に比例して）4倍になるので、光の量は等しい（図３－５）。したがって、一定の距離だけ離れた恒星からの光の総量は距離によらず同じ値になり、無限大のユークリッド空間で全ての寄与を足しあわせると、光量は無限大になるはずである（恒星が重なる場合があることを考慮すれば光量は有限だが、夜空は恒星表面なみに明るくなる）。

実際には、ここに記した仮定の多くが事実と異なっているのだが、その中で特に重要なのが、「天体の密度は時間によらずに一定」という仮定の誤りである。恒星は、１３８億年前のビッグバンから数千万年以上経って、初めて誕生したとされる。したがって、地球に到達する光を足しあわせる際には、百三十数億年ほど前に放射されたものまでしかカウントできない（光が伝わる間にも宇宙空間が膨張し続けるので、１３０億年前に光を発した天体と地球の間隔は、放射当時も現在も１３０億光年ではない）。宇宙の年齢が有限であるせいで、現在の地球に光を到達させられる全ての天体からの寄与を加えても、夜空はなお暗いままなのである。

背景放射のうち、宇宙の晴れ上がり時点の熱放射に由来するものは、主にマイクロ波領域（波長数十分の1センチメートルから数十センチメートル）で観測されるので、「宇宙マイクロ波背景放射」と呼ばれており、その強度は、熱放射の分布曲線と見事に一致する。

一方、百三十数億年にわたって天の川銀河の外側にある天体が放射した全電磁波に由来するのが、今世紀に入ってから本格的な観測が始まった「銀河系外背景光」である。波長は近紫外領域から可視光、赤外領域にわたっており、強度は宇宙マイクロ波背景放射よりもかなり弱い。光源は各種の天体や銀河など多様なので、強度分布も単純なカーブにはならない。銀河系外背景光には、最初期の恒星に関する情報も含まれるため、今後の観測と解析が期待される。

揺らぎと凝集の開始

背景放射はきわめて等方的で方位による温度の変化はごくわずかしかないことから、宇宙暦数

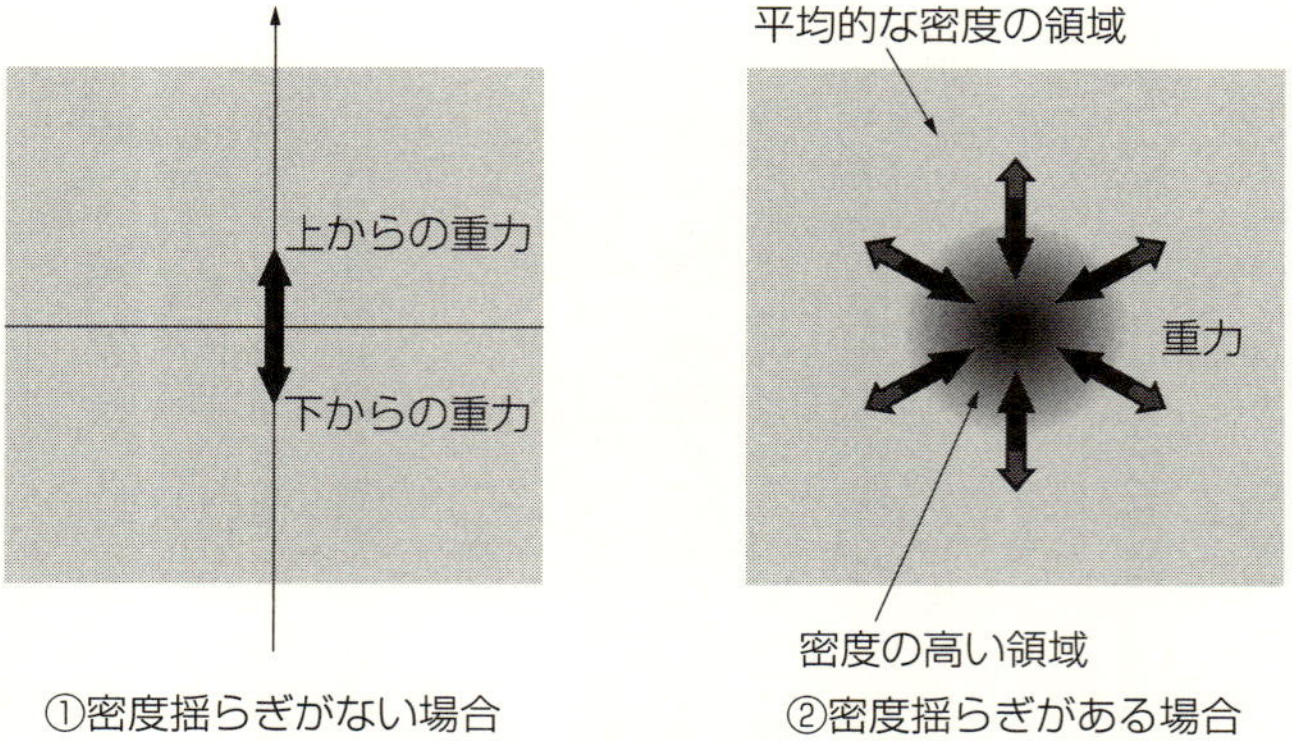

図3-6　密度揺らぎの有無と重力

十万年での宇宙空間は、一様性が非常に高かったと推測される。しかし、あまりに一様で揺らぎに乏しいと、物質の凝集が起きず天体が誕生しないという問題がある。

物質を凝集させるためになぜ揺らぎが必要なのか、簡単に説明しよう。一般相対論の効果は、宇宙空間が膨張すること以外にはあまり重要でないので、ここでは、ニュートンの重力理論をもとに議論する。

物質分布が完全に一様な場合、重力は作用しない。このことは、ある一方向だけ考えるとわかりやすい。図3－6①の直線軸方向で、上と下の物質分布が同じならば、上半分にある物質が引っ張る重力と、下半分の物質が引っ張る重力が完全に等しく、上と下から等しい力で引っ張られるので、原点に置かれた物体に作用する重力はなくなる。物質分布が一様等方ならば、どの場所のどの方向でも同じ議論が適用できるので、宇宙空間のどこにも重力は作用していない。

ある方向に重力が作用するのは、物質分布に偏りのある場合に限られる。図３－６①のケースでも、上半分より下半分の方に物質が多くあれば、原点の物体には下向きに作用する重力が加わるはずである。より一般的には、図３－６②のように、周囲よりも物質が多く集まっている領域があると、そこに物体を凝集させるような重力が作用する。

ただし、物質密度が周囲より高い領域があるからと言って、直ちに凝集が始まるわけではない。気体のように、エネルギーを持って飛び回る粒子は、周囲に拡散しようとする性質を持つ。この拡散しようとする傾向に打ち勝つだけの大きさで引きつけないと、重力による凝集は始まらない。また、光は、伝播の途上にある荷電粒子に対して、押すような放射圧を及ぼす（この力を利用したものが、太陽からの光を帆に受けて宇宙空間を走る太陽光帆船である）。このため、熱放射に満ちあふれた状態では、荷電粒子は光に押されて拡散する傾向にある。荷電粒子の分布に揺らぎがあると、ちょうど砂場を箒《ほうき》で掃くとでこぼこが均されるように、放射圧で揺らぎが均されて一様な分布になろうとする。このため、強い放射があると、重力による凝集が妨げられる。

宇宙暦数十万年の時点で、宇宙空間は熱放射に満たされており、物質の凝集が始まるには大きな揺らぎがなければならない。荷電粒子の密度の揺らぎは、強く相互作用している熱放射の揺らぎと同程度のはずなので、ＣＯＢＥのデータに示された10万分の1程度しかないと考えられるが、これでは、物質の凝集を起こすには小さすぎる。このままでは物質は凝集せず、宇宙暦数千万年頃に天体が誕生したというデータと合わない。

そこで、宇宙論研究者たちが思い付いたのが、「暗黒物質」の存在である。暗黒物質とは、電荷を持たず電磁波（光）と全く相互作用しない粒子から成る物質である。電荷を持った原子核と電子で構成された通常の物質は、もちろん暗黒物質ではない。天文学者は、かなり早い時期から、暗黒物質が存在する可能性を想定していた。これは、銀河団における動きなどから推定された銀河の質量が、光学的な観測から予想される恒星質量の総和より10倍以上も大きく、銀河には光を放射しない物質が多量に含まれると考えられたからである。銀河の質量を嵩上《かさあ》げする暗黒物質と、宇宙論で必要とされる暗黒物質が同一かどうかは、必ずしも明らかでないが、別物だという積極的な根拠がないので、同じものだと考える人が多い。

暗黒物質は、熱放射とは無関係に重力の作用だけを受けて運動する。このため、放射によって凝集が妨げられる通常の物質よりも早期に凝集を始めたと推測される。背景放射はきわめて一様性が高く、荷電粒子の密度揺らぎも非常に小さいと考えられるが、その背後で、見えない暗黒物質が着々と凝集を始めていたことになる。

暗黒物質が具体的に何であるかは、全くわかっていない。未知の素粒子だと推測され、具体的な候補（WIMP、グラビティーノ、アクシオンなど）も挙げられているが、決定的な証拠はない。暗黒物質を構成する粒子は電荷を持たず、電気的な力で凝縮した固体や液体にはなれないため、真っ黒な〝暗黒物質の塊〟は存在しない（あると面白いのだが）。完全に透明な気体として漂うだけであり、電磁気による相互作用を全くせずに他の物質をすり抜けてしまうので、容器に閉じ込めることもできない。恒星には重力の作用で暗黒物質が取り込まれるが、地球のような岩石惑星は、固体からできた微惑星同士が衝突しながら少しずつ成長したものであり、固体にならない暗黒物質は地殻にほとんど取り込まれないため、地球上で暗黒物質を見つけることは難しい。

暗黒物質を捉えるには、宇宙から地球に降り注いでくるものを観測するか、加速器を使って人工的に作り出すしかないが、あまり相互作用しないのでそれも難しく、その存在を直接的に検証するのは、できるとしてもかなり先になりそうだ。

宇宙の晴れ上がりからしばらくの間、宇宙で何が起きているかを伝える情報はほとんど得られなくなる。このため、この期間は「宇宙の暗黒時代」と呼ばれることもある。次に重要なデータが得られるのは、最初の天体が形成される宇宙暦数千万年以降である。

第4章

星たちの謎めいた誕生

——宇宙暦10億年まで

宇宙が現在見るような進化を遂げた背景には、始まりの瞬間がきわめて一様だったことがある。この宇宙は、エントロピー（乱雑さの度合い）の小さい状態から始まったと言ってもよい。もし、そうでなければ、初期の頃から大量のブラックホールが存在し、巨大なエネルギーの流れのある、荒々しく破壊的な宇宙となっていただろう。きわめて整然とした状態から始まったこの宇宙は、一様性を保ったまましばらく膨張した後、わずかに存在した密度揺らぎによって物質の凝集が生じる。このとき、もともと一様性が高かったため、比較的小さな天体が星団や銀河を形成する安定した宇宙が実現された。

こうした宇宙の歴史において、最も画期的な出来事は、最初の星が形成されたことだろう。もっとも、宇宙暦数千万年以降に起きたと思われるこの出来事については、不明な点が多い。物質分布がほぼ一様で単純な熱力学が適用できた最初の100万年に比べると、多量の物質が不均一に凝集する複雑な過程が含まれるため理論的な解析が難しい上に、前章末で述べた「宇宙の暗黒時代」という光のない期間の出来事なので、光学的な観測データがほとんど得られないからである。しかし、近年では、コンピュータ・シミュレーションによって、最初の星が生まれる過程がかなりわかってきた。

暗黒時代の終わり

ビッグバンから100万年も過ぎると、かつては熱放射によってギラギラと輝いていた空間も冷えて可視光線をほとんど放射しなくなり、宇宙全体は暗闇に包まれる。暗黒時代の訪れである。しかし、可視光線がなく真っ暗だからと言って、何も起きないわけではない。暗黒時代のさなかにも、宇宙史のハイライトとも言える最初の星の誕生に向けて、物質の凝集が着々と進行していた。

宇宙背景放射のデータからわかるように、宇宙の晴れ上がりの時期（宇宙暦38万年）には、電子・陽子などの荷電粒子から構成される通常の物質に、密度の揺らぎがほとんど見られない。これは、晴れ上がり以前には、密度の揺らぎがあっても、放射圧《ほうしゃあつ》（光の圧力）で均されたからである。しかし、光と相互作用せず放射圧を受けない暗黒物質に関しては、この時期、すでに密度の揺らぎが成長し始めていたと考えられる。平均値より密度の高い領域があると、その重力で周囲から暗黒物質を引き寄せるため、ますます高密度になっていく。こうした暗黒物質の高密度領域は、銀河での用語法にならってハローと呼ばれる。

人類が住む天の川銀河をはじめ、一般的な渦巻銀河を可視光線で観測すると、恒星や星間物質を大量に含むバルジ（中央の膨らんだ部分）とディスク（バルジを取り巻く円盤）から構成されるように見えるが、実は、その周囲に、暗黒物質を大量に含み銀河の質量の大半を占める球状のハローが拡がっており、周辺に存在するガスを重力でつなぎ止めている。これと同じように、初期の宇宙でも、質量の分布を決定するのは目に見えない暗黒物質のハローであり、通常の物質は、ハローの重力に引き寄せられて凝集する。

20世紀半ばに宇宙論と取り組んだ研究者たちは、宇宙初期の質量分布を調べるのに手で計算していたため、簡単なモデルに頼らざるを得なかった。例えば、宇宙背景放射の発見時に重要な理論的貢献をしたピーブルスは、一般相対論に従って宇宙空間が膨張する際、周囲より高い密度を持つ球状の領域があると、その部分だけ膨張速度が遅くなり、領域内部の質量が臨界値を超える場合には、ある時点で収縮に転じて球状の高密度領域が形成されることを示した。こうした結果をもとに、球状の高密度領域から球状星団が誕生し、宇宙最古の天体集団になったと考えられた。

しかし、スーパーコンピュータによる最新のシミュレーションによると、物質分布の変化は遥かに複雑であることが示される。暗黒物質は、まず複雑に絡み合ったフィラメント状に凝集し、フィラメントが交差する地点に、特に密度の高いハローが形成される。こうしてできた太陽質量の10万倍から１００万倍の暗黒物質ハローが、恒星や銀河などの〝種《たね》〟となる。宇宙の晴れ上がり以降は、バラバラの電子や陽子に圧力を及ぼしていた放射が中性の水素原子に対しては無力になるので、通常の物質も、暗黒物質の重力に引き寄せられ、フィラメントに沿って移動しながら交差する地点に凝集していく。

ビッグバンの輝きが消失し、宇宙が暗闇に包まれてから数千万年後、再び輝きが生まれ暗黒時代が終わりを迎える。最初の星の誕生である。

最初の星の誕生

宇宙最初の星がどのようにして誕生したか、正確にはわかっていない。だが、現在の宇宙でも見られる星の誕生過程が参考になることは、間違いない。例えば、オリオン座三つ星付近に見えるオリオン大星雲は、太陽の1万倍程度の質量を持つ大きさ25光年ほどのガス雲だが、その内部で今まさに星が誕生しつつある領域である。赤外線で観測すると、太陽の30倍ほどもある生まれたての星が強力な放射線で周囲のガス雲を輝かせているかと思えば、同じ時期に生まれた小質量の星が密集する領域も見られる。宇宙最初の星も、オリオン大星雲などに見られる原始星と同じように、ガス雲の内部で周囲の物質を集めながら誕生したのだろう。

ただし、宇宙最初の星を含む第1世代の星が現在のものと異なる点もある。特に重要なのが元素組成の差であり、その結果として生じる質量や寿命の違いである。

天文ファンならば、恒星に種族Iと種族IIの2種類があることをご存じかもしれない。種族Iが銀河のディスク部分に多く存在する比較的新しい恒星であるのに対して、種族IIは、主に中央のバルジ部分や周辺の球状星団内部に分布する古い恒星である。二つの種族に見られる最も大きな違いは、種族IIの古い恒星がほとんど水素とヘリウムだけからできているのに対して、種族Iの新しい恒星は、ヘリウムより重い元素をかなり含んでいる点である。ヘリウムより重い元素のことを「金属」と呼ぶ天文学界の慣習に従えば、「種族Iの恒星は種族IIよりも金属量が多い」と言える。

第2章で説明したように、ビッグバン直後の高温・高密度状態で合成されるのは、重水素とヘリウム(ヘリウム3とヘリウム4)、ほんのわずかのリチウムだけであり、それより重い元素は、ずっと後になって恒星内部における核融合で作られ、超新星爆発で宇宙空間にばらまかれる。このため、古い恒星ほど金属量(すなわち、ヘリウムより重い元素の量)は少なくなるのである。

かつては、この二つの分類で充分だと思われていたが、近年の研究によると、第1世代の恒星は種族ⅠとⅡのいずれとも異なる性質を示し、種族Ⅲと呼ぶべきものであることがわかってきた。種族Ⅱの古い恒星にも微量ながらヘリウムより重い元素が含まれているが、最初の恒星が誕生する前に重い元素を合成するメカニズムは存在しないので、種族Ⅲの恒星には、重い元素は全く含まれない。この組成の違いによって、種族Ⅲの一生は、種族ⅠやⅡとはかなり異なったものになる。

初期の理論的な研究では、種族Ⅲに属する第1世代の恒星は、おしなべて太陽の数百倍の質量を持つ巨星になると予測されていた。しかし、スーパーコンピュータによる精密なシミュレーションを行ったところ、ガスが凝集する過程はかなり複雑で、ガス雲がいくつかの塊に分裂して複数の恒星ができたり、太陽質量の数十万倍以上という途轍《とてつ》もなく巨大な天体になったりすることもあるようだ。ここでは、第1世代の恒星としては平均的なものが1個誕生する場合について、シミュレーションの結果をもとに説明しよう（図4-1）。

初期宇宙のガス雲を構成する粒子（大部分は水素かヘリウムの原子だが、温度が下がったことによって、水素分子などごく微量の多原子分子も生成されている）は、運動エネルギーを持って飛び回っているので、ガスは自然に膨張しようとする性質を持つ。この性質に逆らってガスを凝集させるには、〝種〟となる質量が大きく重力が強いことに加えて、ガスの温度が充分に低く原子の運動エネルギーが小さくなければならない。ところが、重力の作用でガスを圧縮すると、重力エネルギーが

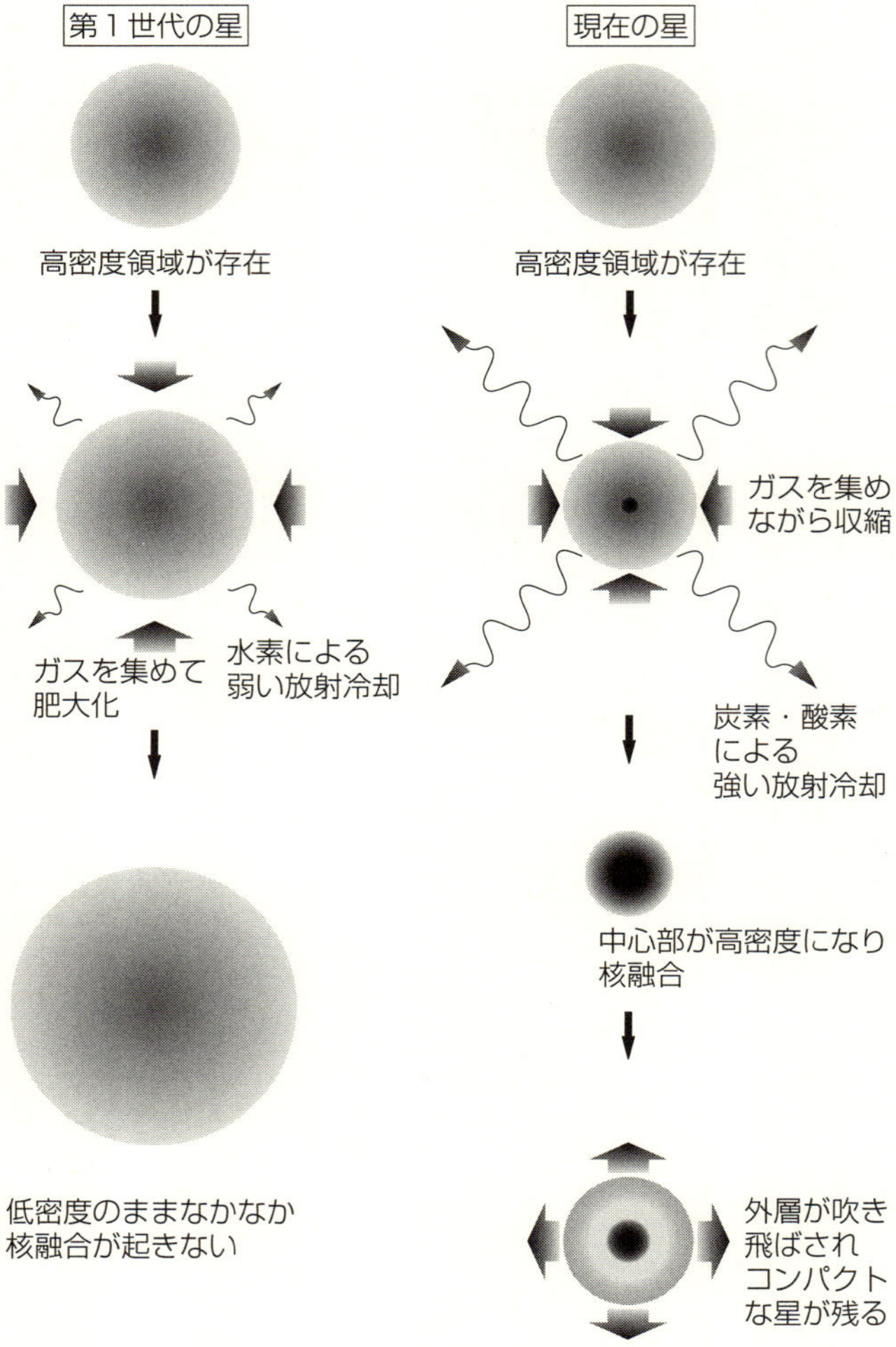

図4-1　第１世代の星の巨大化

熱エネルギーに変わって自然に加熱されることになり、温度が上昇してしまう。そこで、熱を宇宙空間に逃がして凝集を可能にする必要が生じるのだが、問題は、この冷却をどのようにして行うかである。

オリオン大星雲のガス雲に含まれる一酸化炭素などの分子は、加熱されると振動したり回転したりしながら赤外線を外部に放射しエネルギーを逃がす性質があるので、冷却材として機能する。現在の（種族Iの）恒星が誕生する際には、重力で水素やヘリウムが圧縮されて高温になった際、微量に含まれる炭素や酸素の分子が放射冷却によって熱を逃がし、圧縮を容易にする。充分に圧縮されて高密度になり、原子核同士が衝突する頻度が増すと、水素原子核が合体してヘリウムになる核融合が起きやすくなる。

核融合反応は莫大なエネルギーを解放するので、ひとたび天体内部で核融合が始まれば、急激に高温になって強い放射線を放出するようになる。この放射線が外層とともに周囲のガス雲を吹き飛ばし、それ以上ガスを集められずにコンパクトな恒星となる。これが、太陽と同程度の質量を持つ星が生まれる過程である。

ところが、第1世代の星は、水素とヘリウムだけで構成されており、炭素・酸素を含んでいない。優れた冷却材となる炭素・酸素がないため、ガス雲はなかなか冷やされない。わずかに、ガス雲に含まれる水素分子（2個の水素原子が結合した分子）の貧弱な冷却効果に頼るしかないが、これでは充分に熱を逃がすことができず、ガスは絶対温度で数百度以上という、重力で収縮するには高温すぎる状態に留まる。こうなると、重力によって収縮しようとする動きと高温ガスの圧力によって膨張しようとする動きが拮抗し、中心部は低密度のままである。周囲には豊富にガスが存在するため、重力の作用でガスの集積は続くものの、充分に圧縮されず核融合がなかなか始まらない。こうして、数千年から数万年にわたってガスを集め続け、核融合によって自身で輝くことなく肥大化していく。

低密度のまま恒星になれずにいた原始星も、大量のガスを集めると内部の圧力だけでは重量を支えきれなくなる。質量が太陽の10倍程度、半径が100倍程度になったところで、ようやく収縮に転じる。収縮する過程でもガスを集めるので質量の増大は続くが、中心部が高温になるにつれて紫外線を放射し周囲のガス雲を吹き払うようになるので、質量の増加率は低くなる。10万年程度掛けて太陽の数十倍の質量に成長すると、中心部が高温・高密度になって核融合が始まり、ようやく恒星になったと考えられる。

現在の恒星のうち、太陽より重いものは、主に、炭素・窒素・酸素を触媒とする効率のよい核融合反応（CNOサイクル）を行っているが、第1世代の星にはヘリウムより重い元素がないので、それよりも効率の悪い核融合反応（ppチェイン）によって熱を生み出すことになる（恒星内部での核融合や超新星爆発など、恒星の一生に関する解説は、第7章で行う）。したがって、重量を支えるのに必要な放射圧を得るには、現在の同質量の恒星よりも、さらに高温・高密度の状態にして反応の頻度を上げなければならない。この結果、第1世代の恒星は、現在の同質量の恒星と比べると、光度《こうど》（単位時間当たりの放射エネルギー）が同程度でありながら、半径が小さく温度が倍以上も高い、熱くてみっちりした天体となった。

第1世代の恒星の輝きは、（前章で紹介した）銀河系外背景光に含まれている。スピッツァー宇宙望遠鏡で撮影された赤外線画像には、前景に見える恒星や銀河の背後に微弱な赤外線の揺らぎが映し出されているが、その中に第1世代の恒星の光が捉えられているはずであり、研究が続けられている。

宇宙最初の星がいつどこでできたか、正確なところはわからない。かつては、宇宙暦数億年と言われていたが、最新のシミュレーションでは、宇宙暦3000万年頃に星が誕生する可能性が示されている。この時期、たまたま密度の揺らぎが大きく物質が集まりやすかった宇宙空間のどこかで、内部で核融合を行う宇宙最初の恒星が輝き始めたのだろう。

最初の星の最期

第1世代の星は、多くが太陽の数十倍以上の質量を持つ重く巨大な恒星で、その一生も、寿命が100億年ほどの太陽や数百億年から1兆年以上の赤色矮星（第7章以降で詳しく解説する。以下の叙述に登場する白色矮星やブラックホールなどについても同様）などに比べると、短く荒々しい。第1世代の星の大きな天体は、一般に高温になって激しく核燃料を消費するため、寿命は短い。質量も、せいぜい数百万年の寿命しかなかった。

恒星の最期は、質量の大小によって決まる。質量が小さければ、外層を吹き飛ばす質量放出の後に白色矮星が残るという可能性もあるが、第1世代の星は、太陽の数十倍から数百倍という巨大な質量のせいで、大半が最後に大爆発を起こして一生を終える。核融合に必要な核燃料を消費し尽くすと、光を生み出せず放射圧がなくなるため、重量を支えきれなくなって天体が内側に崩れるように収縮した後、崩れてきた物質同士の衝突によって超新星爆発を起こす。

質量が太陽の30倍以下ならば、爆発によって天体の大部分が吹き飛ばされ、後には太陽質量の数倍程度の中性子星が残る。30倍以上になると、通常はブラックホールが残される。ただし、太陽質量の140倍から260倍の間では、電子と陽電子のペアが生成される特殊な素粒子反応によって、最終的には星全体が粉々に吹き飛ぶ途轍もない大爆発が起き、後には何も残らない。質量が260倍以上では、再び、超新星爆発の後にブラックホールが残るが、質量がきわめて大きくなると、超新星爆発を起こす暇もなく星全体が一気に潰れて、静かにブラックホール（サイレント・ブラックホール）になるようだ。

第1世代の星が死んだ後に残されるブラックホールは、「クエーサー」（準星）に成長した可能性がある。クエーサーとは、遠方にあるにもかかわらず強大な電波源となる天体で、1960年頃に最初のクエーサーが発見された当時、その正体は全くの謎だった。だが、現在では、大質量ブラックホールの周囲に降着円盤《こうちゃくえんばん》（コンパクトな天体の周囲をガスや塵《ちり》が円盤状に取り囲んだもので、第9章で詳しく解説する）が形成され、降着円盤の物質がブラックホールに流れ込む際に、物質同士の衝突によって生み出される電波が外部に放出されると考えられている。

20世紀の終わり頃から、（第1章でも触れた）スローン・デジタル・スカイ・サーベイなどの探査で100億年以上も前のクエーサーが続々と見つかったことにより、クエーサー研究は大幅に進展した。2011年には、マウナケアのイギリス赤外線望遠鏡で、ビッグバンから7億7000万年後のクエーサーが発見されている（2015年時点で最古のクエーサー）。その質量は太陽の20億倍程度と推定され、この時期にかくも巨大なクエーサーがどのようにしてできたか、はっきりとはわかっていない。第1世代の星が作り出したブラックホールが周囲のガスを吸収したり、何千ものブラックホールが合体したりして、大質量ブラックホールになった可能性がある。あるいは、初めから太陽質量の100万倍もの質量が一気に集まってサイレント・ブラックホールになり、周囲のガスを貪欲《どんよく》に集めたのかもしれない。

ビッグバンの直後に行われた元素合成では、ほとんどヘリウムしか作られず、それよりも重い元素は、恒星内部での核融合によって生まれた。第1世代の恒星も、水素とヘリウムを素材として鉄より軽い元素を生成し、最後の超新星爆発によって、それを周囲にばらまいたと考えられる。宇宙空間における元素の種類が増大していく過程で、第1世代の星は決定的な第一歩を踏み出したことになる。第1世代の星が炭素・酸素やケイ素・鉄などの元素を生成してくれたおかげで、これ以降の恒星は、水素分子よりも性能の高い冷却材を含むために太陽と同程度の質量のものが増え、周囲には岩石で構成された惑星を持つことが可能になった。

宇宙の再電離

第1世代の星が果たしたもう一つの役割は、宇宙の晴れ上がりの時期にいったん中性になった物質を、再び電離させたことである。現在の宇宙に存在する物質のうち、銀河内の星間物質は、天体との相互作用を通じてさまざまな形で〝調理〟された結果、中性の領域と電離した領域が混在する。これに対して、銀河と銀河の間に薄く漂う銀河間物質は、宇宙暦10億年頃からほとんど電離したままである。中性の原子を電離させるには、電気的な力で結合している荷電粒子を引き離すだけのエネルギーを与えなければならないので、銀河間物質を加熱することにもなる。空間膨張とともに冷えてきた宇宙は、再電離の時期から温度上昇に転じたと言ってもよい。

現在、銀河間にある電離したガスの温度は、1万度以上の高温になっている。ただし、1立方メートル当たりの原子数が10個程度ときわめて希薄なので、宇宙空間に置かれた物体が銀河間物質によって温められることはない。

銀河間物質の再電離は、ヘリウムより重い元素を宇宙空間にばらまいたことに比べると、宇宙全体の進化から見てさして重要ではない。しかし、宇宙論を研究する者にとっては、この時期の宇宙の状況を知る上できわめて役に立つデータを与えてくれるので、ここで見ることにしよう。

宇宙の晴れ上がりとは、電子と陽子という二つの荷電粒子が結合して中性の水素原子となり、光を散乱しなくなることを意味していた。再電離とは、中性の原子が、再び荷電粒子に分かれることである（再電離が起きる宇宙暦数億年から7億〜8億年の時期には、晴れ上がりの時期に比べて物質密度が遥かに希薄になっているので、再電離で生まれた荷電粒子によって光が散乱され天体観測が困難になるわけではない）。再電離を引き起こすのは、新たに誕生した天体が発する強い放射線である。したがって、再電離がどのように起きているかを観測すれば、放射線を発する天体がどこにどの程度存在するかが判明する。宇宙論研究者にとって、再電離のデータを集めることがきわめて重要なのは、そのためである。

宇宙空間に漂う水素ガスが電離しているかどうかは、さまざまな波長の電磁波を測定することで調べられる。特に研究が進んでいるのが、「ライマンα線」と呼ばれるスペクトル線である。中性の水素原子は、波長が122nm（nmはナノメートルと読み、10億分の1メートルを表す）の紫外線を吸収する性質がある。したがって、遠方のクエーサーが発した光が中性の水素原子を含むガス雲を通過すると、この波長の光だけが吸収されて、スペクトルに暗い吸収線が現れる。これが、ライマンα線である。

ライマンα線が明かす宇宙の姿

何十億年も前のクエーサーからの光を捉えると、ライマンα線が何本も見られることがある。これは、次のような過程があったためだと考えられる（図4－2）。

クエーサーが発した光のスペクトルは、その強度が波長とともに滑らかに変化するクエーサー特有の形をしているが、光が伝播する過程で宇宙空間が膨張するので、スペクトルは少しずつ波長の長い側にずれていく。途中で中性水素の雲を通過すると、水素原子によって122nmの紫外線が吸収され、スペクトルにライマンα線が現れる。この雲を抜けて中性の水素原子が存在しない領域を光が伝わる間にも、宇宙空間は膨張しスペクトルはずれていく。そこで再び中性水素の雲を通過すると、また122nmの紫外線が吸収されるが、前回の吸収によって生じたライマンα線は波長の長い側にシフトしているので、新たなライマンα線となる。

こうして、中性水素の雲と遭遇するたびに少しずつずれた位置にライマンα線が刻まれて、まるで多くの樹木が密集しているような「ライマンαの森」と呼ばれる様相を呈する。これらのライマンα線がどれくらい深いか（その波長の光がどれくらい吸収されるか）、そのときの波長はいくら

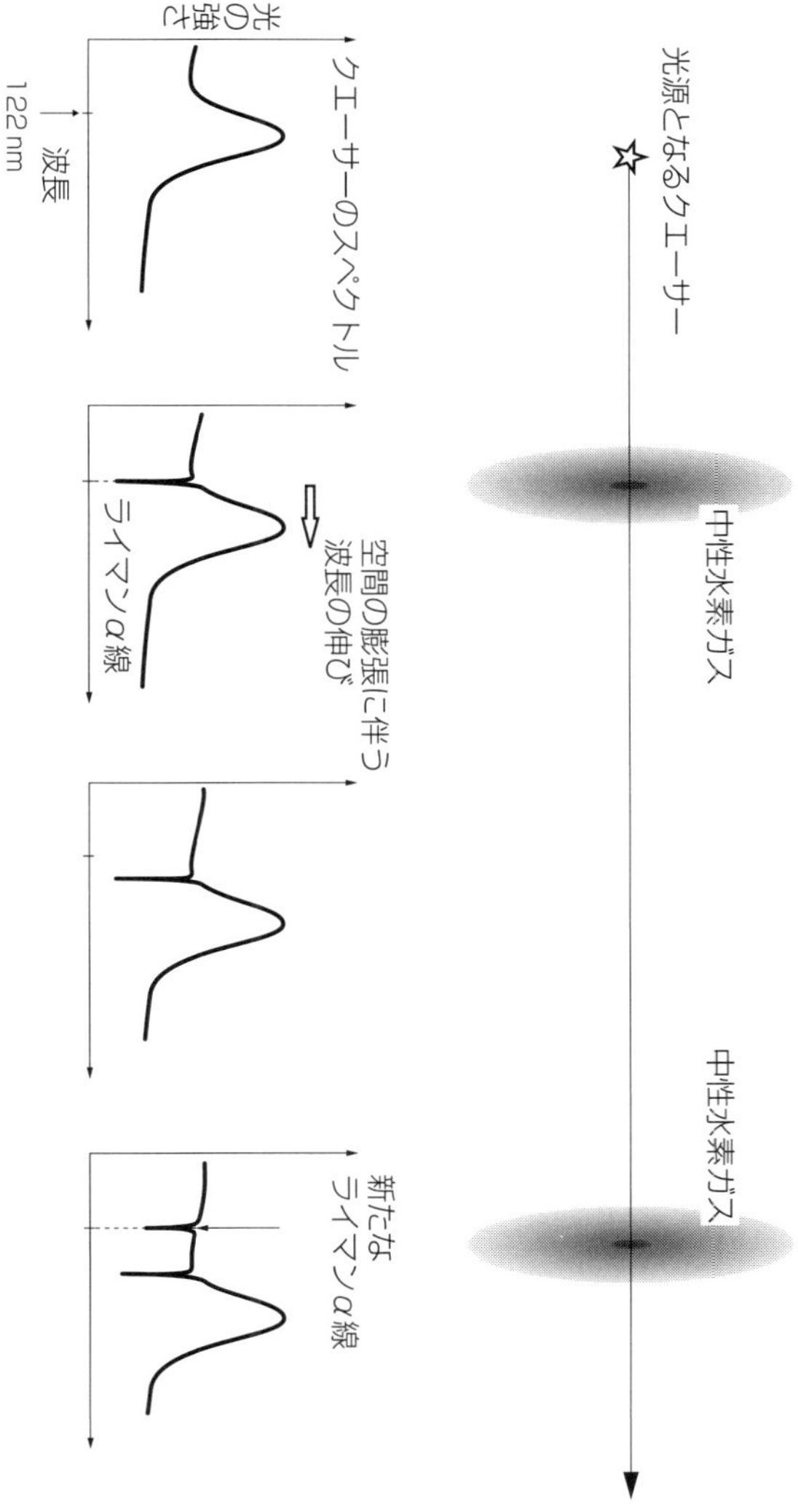

図4-2　中性水素の雲があるときのライマンα線

かを調べると、いつ頃どの程度の中性水素が存在したかがわかる。

宇宙暦10億年より前のクエーサーからの光を調べると、ライマンα線が無数に重なって、森と言うよりは「ライマンαの谷」のようにごっそり抉《えぐ》れたスペクトルになっている。この抉れ方は古いクエーサーほど明瞭で、それだけ中性の水素ガスが多かったことを示している。これまで観測された最も古い宇宙暦7億7000万年のクエーサーのスペクトルを調べると、銀河間物質の10％程度は中性だったと推定される。ところが、それより1億年ほど新しいクエーサーのスペクトルによると、中性水素の割合は1％以下になっており、宇宙暦10億年以降では、中性水素は1万分の1程度まで下がる。この時期に、宇宙の再電離が完了したと見てよい。

宇宙の再電離は、次のように進行したと考えられる。宇宙暦数千万年の時期に登場した第1世代の星は、その周囲数百光年程度を電離させただけだが、しだいに強力な放射線源が現れ、数千光年から数万光年のスケールで再電離を進めていく。こうした再電離領域は、当初は、放射線源となる天体を中心とする泡のようなものだった。しかし、宇宙暦数億年頃から隣り合う再電離領域がつながり始め、逆に、中性水素の存在する領域が孤立してくる。宇宙暦8億年頃には、大部分の再電離領域がつながって、中性水素は特定のガス雲に限定されるようになった。

宇宙の再電離を進めたのは何か

それでは、宇宙の再電離を進めた天体は何だったのか？　第1世代の恒星には、これほど早い時期に大半の水素を電離させてしまうほどのパワーがない。そこで、初期のクエーサーが再電離を促したとの見方が出てきた。巨大なブラックホールが、周囲の降着円盤に流入するガスのエネルギーを利用して、莫大な放射線を発するクエーサーは、全宇宙で最も強力な放射線源である。

もっとも、これまでに観測された宇宙暦10億年以前のクエーサーは数が少なく、それだけで宇宙全域の再電離が可能かどうかは、確かではない。数多くの恒星（その中には、第1世代の恒星が核融合で作り出した重い元素を獲得した恒星も含まれるだろう）が集まった初期の銀河をはじめ、それ以外の天体が再電離を進める放射線源になったのかもしれない。

ライマンα線のデータを見ると、宇宙暦10億年頃までには、すでに強力な放射線を放つ天体が数多く存在していたことがわかる。しかし、ここまで記してきた天体形成のシナリオで、これほどの天体を生み出すことが可能なのだろうか？　議論を明確にするために、この時期の宇宙空間に関して、もう少し精密なデータがほしいところである。研究者は、こうしたデータを集めるのに、中性水素が発する「21㎝線」と呼ばれる電波が利用できるのではないかと考えている。

中性の水素原子は、加熱されると波長21㎝の電波を放出する。中性水素の存在するあらゆる領域から飛来する21㎝線を観測することで、クエーサーの存在する方位でしか観測できないライマンα線を見るよりも正確に、宇宙空間でどのように再電離が進行したかがわかる。

暗黒時代の水素ガスから放出される21㎝線はきわめて微弱なので、観測はかなり難しいが、将来的には、暗黒時代末期から再電離の時期に掛けての21㎝線の観測が進み、この時期の宇宙の3次元地図が描けるだろう。そうすれば、最初の10億年に何が起きたか、どんな天体が存在しどれほどの放射線を放っていたかが、かなりはっきりするはずである。こうしたデータをもとに、天体形成の議論が書き換えられるかもしれない。

第5章

そして「現在」へ

——宇宙暦138億年まで

星と呼べるものが宇宙空間に現れるのは宇宙暦数千万年頃だが、それから宇宙暦10億年までの間に、天文ファンを楽しませるさまざまな天体（恒星、惑星と衛星、彗星や小惑星、塵やガス）と、その集団から成るシステム（惑星系、星団、銀河、銀河団）が形成され、宇宙という舞台を華やかにする役者が出揃う。

ただし、こうした天体たちが、未来永劫にわたって、現在と同じようなドラマを繰り広げるわけではない。あと数百億年も経つと、恒星の多くは暗い赤色矮星が占めるようになり、銀河も、星形成《ほしけいせい》をあまり行わない楕円銀河が主流となる（銀河と恒星の進化に関しては、それぞれ第6章と第7章で解説する）。宇宙のステージが華やかなのは、宇宙暦数十億年から百数十億年、せいぜい数百億年の間という、宇宙全史からするとごく短い期間にすぎない。

この短い期間に宇宙暦138億年の「現在」が含まれるのは、偶然ではない。人類の登場をクライマックスとする生命史は、宇宙の役者たちによって演じられた華やかなドラマの一場面だからである（この言葉の意味は、本章の最後で明らかになるだろう）。

本章では、現在を含む時期に起きたドラマの中で、太陽系の形成や海の誕生、化学進化など、宇宙が人類と深く関わっていることを示す出来事を中心に叙述する。

重力による円盤の形成

間断なく続く膨張によって宇宙空間が冷え切った暗黒時代以降、宇宙における物質の動きを決定する最大の要因は物質間に作用する重力であり、これに、内部で核融合が始まった恒星からの光の放射圧と、この光で加熱されたガスの圧力、さらに、超新星爆発などに伴う衝撃波が、攪動《せつどう》（かき乱すこと）を加えることになる。重力がガス圧などを上回るほど強い場合、物質は凝集する。凝集のパターンは、不定形になったり、フィラメント状や球状になったりとさまざまだが、特に目立つのが、物質が円盤状に集まるパターンである。渦巻銀河や原始惑星系円盤、ブラックホールの降着円盤などがその例となる。

重力によって集まる物質が円盤を形成する傾向を示すのは、「角《かく》運動量の保存則」という物理法則に起因する。角運動量とは回転の勢いを表す量で、回転の仕方を変えるような力が外部から作用していないとき、角運動量は一定に保たれる。

そのわかりやすい例が、フィギュアスケート選手が氷上でスピンする場合である。回転軸から遠くなるように体を曲げ手足を横に広げているときにはゆっくり回転していても、身体を垂直方向に伸ばし手足を軸に引き寄せると、回転スピードが速くなる。これは、ある物体の角運動量が、回転軸までの距離と回転方向の速度の積に比例するため、軸までの距離が小さくなると、角運動量を一定に保つように回転速度が増加する結果である。

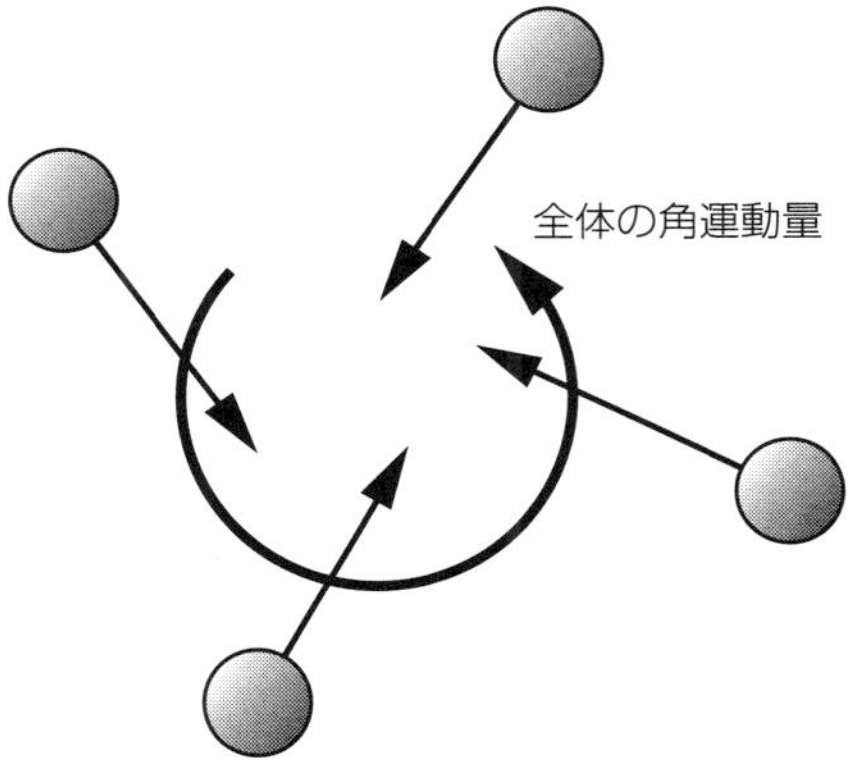

図5-1　物体が集まるときの角運動量

重力で物質が集まるときも、同様の現象が見られる。密度の高い領域に引き寄せられる際に、全ての物質が同じように1点に向かって集まってくることはあまりなく、互いにすれ違うような動きをしている。こうした動きを物質全体で見ると、ある軸の周りに角運動量を持つことに相当する（図5-1）。物質が広範囲に拡がっているときには、それぞれの物質はばらばらに動いており、角運動量による回転運動は明瞭ではない。しかし、物質が集まってくると、角運動量が保存

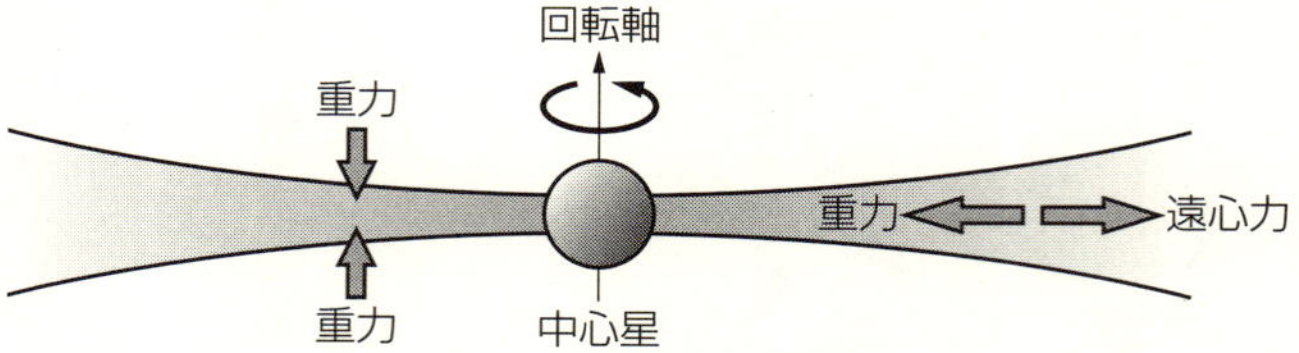

図5-2　原始惑星系円盤

するため、回転速度が速くなる。それとともに、物質同士の摩擦力によって全体の流れに逆らう動きが阻害され、多くの物質が同じように軸の周りを回るようになるため、回転運動がはっきりしてくる。

ある軸の周りに物質が回転するときには、遠心力が作用する。重力で凝集する場合、回転軸に垂直な面内では、密度の高い領域に引き寄せようとする重力と、回転軸から遠ざけようとする遠心力が拮抗し、物質はなかなか集まらなくなる（図5－2。この図は原始惑星系円盤を表す）。一方、回転軸に平行な向きには遠心力が作用しないため、重力による凝集が進む。この結果、物質分布はしだいに扁平《へんぺい》になり、回転する円盤が形成されるのである。

原始惑星系円盤

宇宙における円盤の例として、中心にある恒星の周囲に複数の惑星が生まれる原始惑星系円盤を取り上げたい。

前章で述べたように、宇宙における第1世代の恒星は、宇宙暦数千万年頃から登場し、数百万年という短い寿命を終えると、大半が超新星爆発を起こして死んでいった。恒星の内部では、核融合によってヘリウムよりも重い元素（天文学者の言い回しでは、いわゆる金属）が合成され、超新星爆発の際に宇宙空間にばらまかれる。このため、新たに恒星が誕生しては超新星爆発を起こすというサイクルが繰り返されるたびに、宇宙空間を漂う金属量が増えてくる。

液体水素を絶対温度14度以下の極低温に冷却すると固体になるが、２原子分子のまま動きを止めたもので、結晶ではない。また、ヘリウムは、原子間の結合を実現するには電子の個数が不適当であるため分子や結晶を作らず、絶対零度でも通常は固体にならない。これに対して、金属（ヘリウムより重い元素）は、原子内部に多くの電子が存在してさまざまな原子間結合を可能にするので、分子や結晶を作りやすい。星間物質にこうした〝固体成分〟が増えたことで、惑星の形成が実現されたのである。

金属を含む星間物質が密度の高い領域に引き寄せられてくるとき、第１世代の星とは異なって炭素や酸素の分子による冷却効果があるので、比較的早い段階で重力がガス圧を上回る。こうして、中心部に密度と温度の高い領域が形成され、次第に重力で球状にまとまって原始星となる。その周囲には、角運動量保存則に従って、ガスと塵が円盤を形作る。こうした円盤は、中心星の周囲に複数の惑星を生み出すことから、「原始惑星系円盤」と呼ばれる（われわれの太陽系となる原始惑星系円盤は特に「原始太陽系円盤」と呼ばれ、これは46億年前（宇宙暦92億年）に形成された）。

原始惑星系円盤は、100万年から1000万年ほどの期間にわたって持続する。はじめのうちは、円盤内部の塵や氷の結晶同士が衝突した際に静電気力で合体して、少しずつ大きな塊となる。こうした塊がある程度まで大きくなると、重力で周囲の物質を集めるようになって、大きさ数キロメートルの微惑星に成長する（どの程度の大きさのものを微惑星と呼ぶか、厳密な定義はない）。

円盤内部に無数に存在する微惑星は、当初はかなりランダムに動き回るが、円盤が形成されるときと同じように、全体の流れに逆らうような運動をする微惑星は、他の微惑星と衝突して軌道をそらされたり合体したりするため、しだいに、同じ向きに動く円に近い軌道に落ち着く。一つの円軌道には、微惑星同士の合体によって誕生した巨大質量を持つ1個の惑星が形成されることが多い。ただし、巨大な惑星に成長できず、多数の小惑星が周回する小惑星帯となる場合もある。

われわれの太陽系の場合は、火星と木星の間にメインベルト（主小惑星帯）と呼ばれる小惑星帯が存在するが、これは、木星の重力による摂動が加わって、微惑星の合体が進まなかったためだと推測される。また、共鳴と呼ばれる特殊な位置関係にある惑星が、相互に交差する軌道を描くこともある。例えば、冥王星族と呼ばれる天体群は海王星と交差する楕円軌道を描くが、海王星との公転周期の比が3：2になるために海王星に接近することがなく、長期にわたって安定した状態を保てる。

恒星の周りに形成された円盤から惑星が誕生することは、生命の発生にとってきわめて重要である。仮に、恒星と惑星が別々の場所で凝集した物質によって形成され、その後、たまたま会合して天体システムを形成したのならば、恒星が持つ惑星の個数は少なく、その軌道は大きくひしゃげた細長い楕円になる可能性が高い。生命の存在に適したいわゆるハビタブルゾーンは、恒星からの距離が一定の範囲に限られるので、恒星と他の星が偶然に出会って形成された連星系では、生命が発生する確率は小さいだろう。これに対して、原始惑星系円盤から生み出された惑星群の場合は、中心星からさまざまな距離に多数の惑星が形成され、それぞれが円に近い安定した軌道を描くようになりやすいため、生命が生まれる確率はかなり高いと推測される。

海の誕生

生命の存在が可能な惑星が満たすべき重要な条件は、まとまった量の液体が存在することである。固体内部では分子が自由に動き回れず、気体では密度が薄く巨大な分子を作り出す化学反応が進行しない。液体がなければ、生命が誕生することは不可能である。また、液体ならば何でもよいというわけではなく、複雑な化学反応を可能にする媒質でなければならない。その点、水は最適である。

水の分子は、正電荷を帯びやすい水素原子と負電荷を帯びやすい酸素原子が水素－酸素－水素のようにつながったものである。三つの原子が「く」の字型に折れ曲がって結合するため、メタンやベンゼンの分子などとは異なり、正電荷と負電荷が離れたことによる大きな電気モーメントを持つ。化学反応は分子同士の電気的な相互作用なので、水分子の電気モーメントはさまざまな形で関与し、反応を促進する役割を果たす。

例えば、塩化ナトリウムのようなイオン結晶を水に入れると、陽イオンには水の負電荷側が、陰イオンには正電荷側が近づいて電気的結合力を弱めるため、簡単に結晶が壊れてしまう。食塩が見る見るうちに水に溶けるのは、そのせいである。また、細胞膜のような生物が利用する膜は、脂質二重層と呼ばれる構造をしているが、これは、水分子が持つ電気モーメントの効果によって、特定の向きに配向された脂質分子が薄い層状に並んだものである。このような特徴があるため、水こそが生命を生み出すのに最適な媒質となり得るのである。

幸いなことに、原始惑星系円盤からは、液体の水を持つ惑星が生まれやすい。この点について、説明しよう。

円盤内部に水分子が多量に含まれることは、不思議ではない。水分子の構成要素である水素と酸素は、それぞれ、宇宙で1番目と3番目に多い元素だからである（2番目は、化学結合しないヘリウム）。酸素は、炭素など水素以外の元素と結合して化合物を作ることが多いが、それでも、多量の水を作り出すのに充分な酸素原子は残されている。しかし、だからと言って、単純に水素と酸素が集まって、まとまった量の水が存在する惑星が作られたというわけではない。現在の太陽系で液体の水が大地の大部分を覆うほど豊富に存在するのは地球だけだが、こうした状況は、円盤内部での物質の振る舞いによって生み出された。

中心星に近い領域にある物質のうち、固体成分は、他の物質との摩擦によってエネルギーを失い、多くが中心星に向かって落下していく（空気との摩擦で運動エネルギーを失った人工衛星が地上に落下することを、思い出していただきたい）。さらに、中心星が核融合を開始すると、強烈な光とともに、水素などの物質を放出する恒星風（太陽の場合は太陽風）が生まれる。水素や水蒸気などのガス成分は、放射圧と恒星風によって周辺へと吹き飛ばされてしまう。

このため、中心に近い領域では、乾燥した固形成分の割合が多く、これらが合体して小さめな岩石惑星が形成される。われわれの太陽系で言えば、水星・金星・地球・火星などである。太陽に近い水星と金星の場合、惑星表面付近に残された少量の水は、（水星では太陽光線のせいで、金星では温室効果のため）高温になって蒸発し、大半が宇宙空間に漏出してしまった。

一方、中心星からある程度離れると、温度が低く水蒸気やメタンなどの揮発成分が凝固するので、これらの氷が合体して微惑星を形成する。周囲に原始惑星系円盤のガス（主に水素だが、水蒸気も含まれる）が多量にある場合は、氷の核が重力でガスを集めて、巨大なガス惑星に成長する。太陽系では、木星と土星がこれに当たる。

しかし、中心星から遠いほど素材となるガスが少ないため成長速度が遅く、充分に成長しきれないうちに、ガスが吹き飛ばされたり中心星に落ち込んだりして円盤自体が消失するため、それほど巨大でない天体となる。これが、天王星と海王星である。こうした成長の仕方からわかるように、大量の水分子を重力で集められる惑星は、中心星から離れすぎて水が氷結するため、惑星表面に液体の水を湛《たた》えることが難しい。

水のような揮発性の物質が凝固するのは、温度が凝固点以下となる領域である。水が凍結するギリギリの境界はスノーライン（凍結線）と呼ばれ、太陽系では、メインベルト付近にある。スノーラインの内側の惑星でも、太陽風に吹き払われた残りの水蒸気を取り込むことができるので、多少は水を含んでいる。

誕生直後の地球にも、ある程度の水が存在した。しかし、地球が生まれてから数千万年の間、地表は、微惑星が衝突する際のエネルギーで加熱され、ドロドロのマグマ状になっていたため、地表近くにあった水分は、大部分が蒸発して宇宙空間に放出されてしまった。わずかに、地中深くしみ込んだ一部の水が、マントル内に保存される。さらに、45億年前には、地球より少し小さい惑星が衝突し、そのエネルギーによって地表に残されていた全ての液体を一瞬で沸騰させ、宇宙空間に吹き飛ばしてしまった。ついでに言うと、この衝突によって砕け散った破片が再び凝集して、地球程度の惑星が持つには異常に巨大な衛星「月」になったのである。こうして、いったん地球は、表面に水分のほとんどない岩石惑星となった。

この岩石惑星が海を持つためには、何らかの方法で水分が地表に供給されなければならない。地球の場合、一部は、マントルにしみ込んでいた水分が火山活動によって大気中に放出され、雨となって地表に降り注いだものだが、大部分の水は、スノーラインの彼方から供給された。スノーラインを越えると、巨大なガス惑星に成長しない場合でも、氷粒《ひょうりゅう》が塵と合体して大きくなり、多くの水分を含む小天体となる。こうした小天体が地球に衝突することで、水が供給されたと推定される。

地球に水を供給した小天体としては、彗星と小惑星のどちらも可能性がある。かつては、彗星が中心的な役割を担ったとする彗星説が主流だった。彗星は、海王星軌道のすぐ外側にあるカイパーベルトや、その遥か遠方にあるオールトの雲から飛来する天体で、「汚れた雪玉」と呼ばれるように、主成分となる水（ハレー彗星では質量の80％が水分）に塵がまぶさっており、いかにも水源となりそうな天体である。しかし、２０１４年に、欧州宇宙機関が打ち上げた探査機ロゼッタによって、カイパーベルトから飛来したチュリュモフ＝ゲラシメンコ彗星の成分を分析したところ、水素と重水素の同位体比が地球の海とは大きく異なることが判明、彗星説は勢いを失い、代わって小惑星説が有力視されるようになった。

メインベルトの木星寄りにある小惑星は、含水《がんすい》鉱物という形で質量の数％の水を含んでいる。

これが、木星の重力などで軌道をそらされ、地球にぶつかって水を供給したという考え方である。彗星か小惑星か、論争の決着はついていないが、宇宙から飛来する天体によって地表にある水の大半が供給されたことは、ほぼ確実である。

原始惑星系円盤では、中心星からの距離が異なる地点にいくつもの惑星が形成される。このため、中心星の近くに適度な温度と固い地面を持つ岩石惑星が存在し、スノーラインの彼方から飛来する水分の多い小天体が衝突して液体の海を作り出す可能性は、かなり高いと考えられる。天の川銀河には、2000億個を超える恒星が存在するが、その多くが、少なくとも一時期、表面に水を湛えた惑星を持つと見てよいだろう。われわれの太陽系の場合、地球だけでなく、火星にもかつて地表を流れる水が存在した証拠が見つかっている。

化学進化の可能性

生命現象の媒質となる水は、原始惑星系円盤で自然に用意される。それでは、生物の体を構成する基本的な素材は、どのようにして作り出されたのだろうか？

生体の素材となるのは、タンパク質・核酸・脂質などの巨大な分子で、炭素骨格にさまざまな原子が結合した構造をしている。現在では、こうした生化学物質のほぼ全てを、生物自身が作り出している。だが、まだ生物のいなかった時代に、自然に生起する化学反応によって、ある程度の複雑さを持つ素材が用意されなければ、その後に生命が誕生することはできない。
ちょっと考えると、生物を介さずに、分子量が数万にもなるタンパク質のような巨大分子を合成するのは、かなり難しそうに見える。しかし、タンパク質におけるアミノ酸や核酸（RNA・DNA）における核酸塩基のように、生化学物質の主要な構成要素ならば、分子量が100前後（水素以外の原子が数個から十数個）のものが多く、そのうちのいくつかについては、非生物的に合成できることがわかっている。

1953年、ハロルド・ユーリーとスタンリー・ミラーは、加熱した水の蒸気を水素、メタン、アンモニアのガスと混合して放電を行い、その後に冷却して水に戻すという過程を繰り返すと、各種のアミノ酸が合成されることを実験で示した。当時、この実験は、太古の地球において、蒸発した海水が大気中で雷を受け、再び海水に戻る過程を模したものと考えられ、生命発生の初期段階を再現したと見なされた。

その後、原始地球の大気成分がユーリーとミラーが用いた混合ガスと異なることが判明したため、彼らの実験が現実に起きた過程のシミュレーションとは言えなくなったが、生物を介さずに生化学物質の構成要素が作れることを示した意義は大きい。

グリシン、アラニン、グルタミン酸などのアミノ酸や、アデニン、グアニンなどの核酸塩基が、隕石の内部から発見されたこともある。また、海底の熱水噴出孔（地熱で加熱された地下水が吹き出す孔で、海底にある温泉のようなもの）付近でも、アミノ酸などの合成が可能だと考えられる。したがって、適当な環境が整った惑星上ならば、まず、こうした構成要素が非生物的に作られた後、これらが重合反応を起こして分子量が大きくなっていくことは、充分にあり得る（重合がどこで起きたかについては、「鉱物の表面」などさまざまな説がある）。ある程度の脂質分子が存在すれば、水の電気モーメントの効果で自己組織化し、自然に細胞膜のような膜構造を形成するため、膜の内側に生化学物質を閉じ込めた小胞が誕生してもおかしくない。

このように、生物によらない化学反応を通じて生命現象に必要とされる複雑な分子が生み出されることを「化学進化」と呼ぶが、生物が登場するまでの前段階として、ある程度の化学進化が進んでいたと考えられる。

化学進化が起きる熱力学的な条件

ただし、化学進化が起きるには、熱力学的な条件が整っている必要がある。この条件とは、環境が適度に低温であり、そこに、高温のエネルギー源（太陽・マグマ・雷など）からエネルギーの流入が起きることである。簡単なケースで説明しよう。

生化学的な反応では、エネルギー障壁が重要な役割を果たす。ショ糖（砂糖の主成分）は、水分子と反応してブドウ糖と果糖に加水分解され、１モル当たり２万７０００ジュールのエネルギー

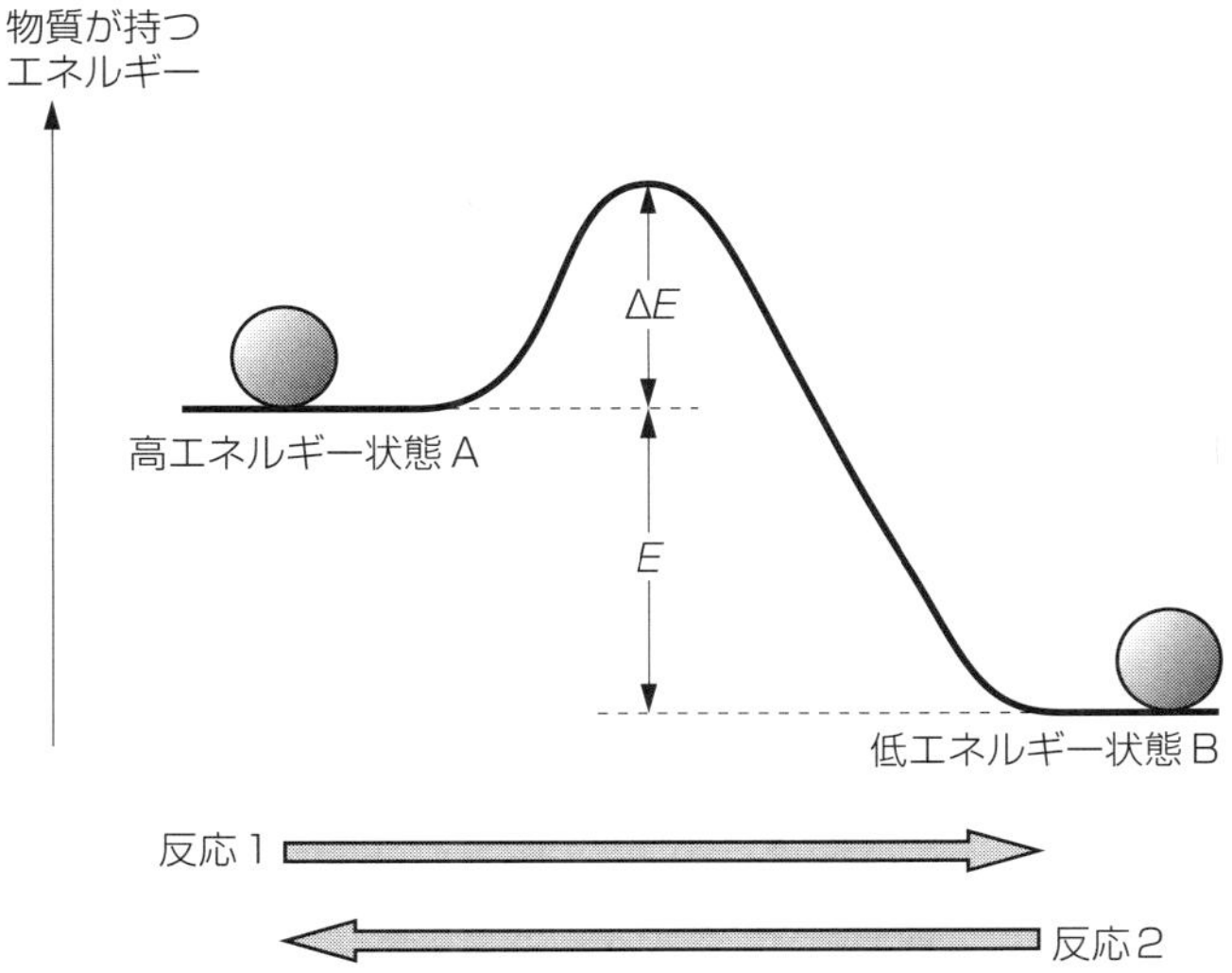

図5-3　エネルギー障壁のある化学反応

を放出する（化学の分野では、分子が6×10の23乗個集まった集団を1モルと呼び、エネルギーや質量を1モル当たりの値で表すことで、数値が小さくなりすぎるのを防ぐ）。

もし、エネルギー障壁がなければ、ショ糖は一瞬のうちに、エネルギーの低いブドウ糖と果糖に分解してしまう。しかし、実際には、1モル当たり11万ジュールのエネルギー障壁があり、外部からこれより大きいエネルギーが注入されなければ、障壁を越えられず分解は起きない。

図5-3は、物質が持つエネルギーが化学変化に伴ってどのように変化するかを表す概略図で、ショ糖のケースでは、Aがショ糖と水、Bがブドウ糖と果糖、反応1が加水分解で反応2がその逆反応、ΔEがショ

糖の加水分解におけるエネルギー障壁、Eが放出エネルギーである。この反応がどの程度のスピードで起きるかを見るには、エネルギー障壁を気体定数（国際単位系で8・3）で割って、温度の単位に直した値が目安となる。

ショ糖のエネルギー障壁を気体定数で割ると1万3000度という値が得られるが、この数値は、熱運動している周囲の水分子がぶつかるだけでエネルギー障壁を越えて加水分解が起きる温度を表す（もちろん、その前に水が蒸発し、酸化など他の化学反応で分子が破壊されるが）。地表での常温は絶対温度300度（27℃）程度であり、1万3000度より2桁も低いため、たまたま大きな運動エネルギーを持った分子が衝突したときにしかエネルギー障壁を越えられず、反応はほとんど進まない。このように、エネルギー障壁の大きさに比べて環境の温度が充分に低いことが、生化学物質が瞬時に壊れずに安定して存在できる要件となる。

触媒となる酵素が存在すると、エネルギー障壁の値が小さくなる。ショ糖の場合、サッカラーゼという酵素があれば、エネルギー障壁は4万8000ジュールまで下がり、これを気体定数で割った値は、5800度となる。この温度も、地表の常温と比べるとかなり高いが、それでも、この程度ならば反応はゆっくり進行する。生体内では、細胞膜で覆われた閉鎖的な領域に反応物を閉じ込め、分泌される酵素の濃度を調整することによって、反応を促進したり抑制したりしている。

ショ糖のような高エネルギー状態からブドウ糖と果糖のような低エネルギー状態へと遷移する反応は、エネルギー障壁がそれほど大きくなければ、時間の経過とともに確実に進行する。しかし、生化学物質を合成する反応では、逆に高エネルギー状態へと遷移するケースが重要になる（図５－３の反応２）。こうした反応が起きるためには、少なくとも図５－３のEより大きいエネルギーが外部から注入されなければならない。

現存する生物の多くは、内部にエネルギーを蓄えた高エネルギー物質、特に、アデノシン三リン酸（ＡＴＰ）を利用する。ブドウ糖と果糖からショ糖を合成するとき、１モル当たり２万７０００ジュールのエネルギーを供給しなければならないが、ＡＴＰが加水分解されてアデノシン二リン酸（ＡＤＰ）になるときに、３万ジュールのエネルギーが放出されるので、ＡＴＰの加水分解とショ糖の合成が同時に進行すれば、エネルギー的に実現可能である（細かく言うと、ＡＴＰに結合しているリン酸の一つがブドウ糖に結合して中間状態を作る過程が、反応が進行する際に重要な役割を果たす）。ただし、生物が利用するＡＴＰは、ミトコンドリアで糖類や脂肪のような高エネルギー物質を酸化する過程で生成されるものであり、もともとのエネルギーは、糖類を作る光合成の際に取り込まれた放射のエネルギーである。

それでは、光合成細菌もいない生命誕生以前の化学進化の段階では、どのようにして高エネルギー物質が生まれたのか？　ここで重要な役割を果たすのが、低温の環境に高温のエネルギー源からエネルギーが流れ込む過程である。

こうしたエネルギーの流れがなく、一定の温度を保つ環境中では、熱運動する周囲の分子がぶつかってエネルギーを供給するとき、低エネルギー状態を高エネルギー状態に押し上げる過程よりも、高エネルギー状態を低エネルギー状態に弾き出す過程の方が遥かに頻繁に起きるため、高エネルギー物質は作られない。しかし、高温のエネルギー源からエネルギーの流れがある場合には、そうとは限らない。

例として、低エネルギー状態に置かれた反応物が存在する場所に、太陽からの光が照射される場合を考えよう。太陽の表面温度は約６０００度であり、太陽光はこの温度に相当するエネルギー分布（プランク分布）をしている。ただし、放射の温度が６０００度であったとしても、地球軌道付近では太陽光のエネルギー密度が低いので、地球を何千度という高温に加熱することはない。太陽光から供給されるのと等量のエネルギーが、赤外線放射によって低温の宇宙空間に放出されており、地球全体の熱力学的なエネルギー収支は、表面気温15℃前後でほぼバランスがとれている。

放射のエネルギーは、光子と呼ばれるエネルギーの塊（電磁場のエネルギー量子）となって飛来する。個々の光子は、６０００度相当のエネルギー分布に従っており、大きなエネルギーを持つものが多い。光子から海水表面に供給されたエネルギーの大部分は、すぐに熱となって散逸してしまうが、ごく一部の光子は、特定の分子に集中的にエネルギーを与え、これを高エネルギー状態に押し上げる。周囲の水温に比べて化学反応のエネルギー障壁が充分に大きければ、低エネルギー状態に戻ることなく、そのまま高エネルギー状態が維持される。こうして、太陽光の照射が長期間にわたって続けられると、高エネルギー状態にある分子が少しずつ蓄積される。

海底の熱水噴出孔付近でも、似たような現象が見られる。熱水（400℃を超えるケースもある）が海底の細い割れ目から噴出すると、それに接触した分子の中には、高エネルギー状態に押し上げられるものが出てくる。もちろん、そのまま熱水中に居続けると、すぐにこの状態から弾き出されて低エネルギー状態に遷移してしまう。だが、高エネルギー状態にある間に噴出孔付近から移動して冷水領域に入ると、高エネルギー状態のままで安定する。一般に、高温のエネルギー源からごく限られた範囲にエネルギーの流れが生じる場合（大気中の放電現象や隕石の大気圏突入過程も含まれる）には、こうした反応が起こり得る。

化学進化とエントロピー

化学進化は、低温の環境中ではほとんど存在しないはずの高エネルギー状態にある分子が、自然なプロセスによって増えることを意味するのだが、「エントロピー増大の法則（自然な現象では乱雑さの度合いが増大するという法則）を破っていないのか」と気になる人もいるだろう。だが、エントロピーという観点からすると、少なくとも化学進化の初期の段階は、物理法則に矛盾していない。

　エントロピーという概念が生まれるきっかけになったのが、「熱は、必ず高温領域から低温領域に流れる」という経験則である。温度が一様でなく高温と低温の領域があるのは、ランダムにエネルギーを割り振ったときには起こりそうもないエネルギー分配の偏った状態で、エントロピーは小さい。

　高温領域から低温領域への熱の流れは、エネルギー分配に偏りのない「ありふれた」状態への変化であり、この過程でエントロピーが増大する。こうした熱力学的な観点から見ると、現在の宇宙がいかに偏ったものかがわかるだろう。宇宙空間が、背景放射の温度が絶対温度3度という極端な低温であるのに対して、恒星は、表面温度数千度という高温である。しかも、広大な宇宙空間に比べて、恒星はきわめて小さい。太陽に最も近いケンタウルス座プロキシマまでは4・2光年で、太陽の直径140万キロメートルの3000万倍もある。

　宇宙は、ほとんど何もない広大な低温の空間の所々に、きわめて熱い点状の恒星が存在するという、熱力学的には異常なほど偏った非平衡状態にある。恒星から膨大な光の奔流が溢れ出すのは、エントロピーが急激に増大する過程に相当する。

　熱力学的にきわめて偏ったシステムで大量のエネルギー流が生じるとき、この流れが引き起こすささやかな揺らぎとして、局所的に見るとエントロピーが減少しているように見える過程が生起することがある。ちょうど、谷川の急流において、水が高きから低きに流れるという基本法則を守りながらも、岩にせかれて飛沫《しぶき》が高く跳ね上がるようなものである。太陽からの光が照射されたとき、ごく稀《まれ》な例外的過程として、低エネルギー状態にあった分子を高エネルギー状態に押し上げたとしても、全体としてエントロピーが増大することに変わりはなく、物理法則に違反した現象ではないのである。

生物に宇宙が必要なわけ

地球表面にへばりついている人類からすると、宇宙など天上の彼方にある手の届かない存在で、自分たちとはほとんど何の関係もないと思えるかもしれない。しかし、この考えは誤っている。生命は宇宙を必要とする。

宇宙が生命といかに深くかかわっているか、これまでのトピックをまとめておこう。

(1)空間膨張によって低温の環境が用意される——生命の誕生に何よりも重要なのは、低温の環境に高温のエネルギー源からエネルギーが流れ込む過程である。高温の極限であるビッグバンに始まった宇宙空間が低温になったのは、宇宙空間が膨張しエネルギー密度が低下したからである。空間膨張が起きなければ、ギラギラと輝く高温状態がいつまでも続くだけで、何の変化も生じない。

(2)ビッグバンのエネルギーが物質を生み出す——膨張によって平均的なエネルギー密度は低下したが、全てのエネルギーが希薄化したわけではない。粒子と反粒子の個数が等しくなかったため、空間が膨張しても残留する物質粒子が生まれ、その内部に、ビッグバンのエネルギーが質量として蓄えられた。物質は天体を形成し、内部に蓄えられたエネルギーは、恒星内部での核融合で解放されるエネルギーの起源となる。

(3)恒星内部の核融合でさまざまな元素が合成される——空間膨張によって温度が低下し、物質粒子のガス圧が下がると、重力の作用が勝って凝集が始まる。宇宙空間に分布する物質がもともとほぼ一様だったので、観測可能な空間で見る限り、凝集は宇宙の至る所で生じる。こうして誕生した星は、内部で核融合を起こしてヘリウムより重い元素を生み出し、超新星爆発で周囲にばらまく。恒星の誕生と爆発が繰り返され、固形成分となる元素が増えてくる。生体を構成する主要な元素である炭素・窒素・酸素も、こうしてもたらされる。

(4)原始惑星系円盤から海を持つ惑星が誕生する——ヘリウムより重い成分を含むガス雲が凝集し、角運動量の保存によって原始惑星系円盤を形作る。中心星に近い所では岩石惑星が形成され、そこに、スノーラインの彼方からやってくる小天体が水を供給する。いくつもある惑星のうち、中心星からの距離が適当なものは、表面に海を持つ。

(5)天体からのエネルギーの流れによって化学進化が引き起こされる——内部で核融合が起きて高温になると、恒星は輝き始め周囲に光が拡散されていく。この光が、惑星表面で化学進化を引き起こしたと考えられる。あるいは、惑星内部からの熱の流れが化学進化の初期段階を実現したのかもしれない。

ちっぽけな生き物が1匹生まれるにも、宇宙が必要なのである。

第Ⅱ部

未来編

第6章

銀河壮年期の終わり

——宇宙暦数百億年まで

ガスが凝集して恒星になると、内部で核融合を起こしてしばらく輝き続けた後、質量の小さな恒星は内部から物質を噴出し、大きな恒星は超新星爆発を起こして自分を吹き飛ばす。こうして外部に飛び散った物質はガス雲となって漂い、何らかの衝撃によって密度の大きい領域が現れると、再び凝集して星になる。こうしたサイクルが何度も繰り返されるので、星に目を奪われていると、宇宙はいつまでも変わらないものに思えるかもしれない。

しかし、数多くの星が集まった銀河は、星のようなサイクルを繰り返すことはない。星は輪廻《りんね》転生《てんしょう》するが、銀河は老化していく。小さな銀河は合体を繰り返して少しずつ成長し、一時的には次々と星を生み出すが、次第に星形成率が低下して、新たな天体を生み出すことのあまりない年老いた銀河となる。このような銀河の老化は、数十億年程度のタイムスケールで起きる。現在は、多くの銀河が最盛期を過ぎて〝中年〟を迎えた時期に当たり、さらに老化の進むこれからの100億年は、これまでの100億年ほど華やかな時代ではなくなるだろう。

密集する銀河

銀河系が太陽系を含む巨大な天体集団であることは、天文学的な観測によって18世紀頃から明らかになっていたが、20世紀に入って、宇宙には、銀河系と同じような集団が無数に存在するという、さらに驚くべき発見がなされた。

20世紀初頭、銀河系に関する二つの説が対立していた。一つは、宇宙には差し渡し30万光年に及ぶ銀河系が唯一の天体集団として存在し、当時の望遠鏡でぼんやりとしか見えなかった渦巻星雲は銀河系の辺縁にあるガス雲だとする「大銀河説」。もう一つは、銀河系は太陽を中心とする差し渡し数万光年という小さめのシステムで、他の渦巻星雲と同様の島《しま》宇宙の一つにすぎないという「島宇宙説」である。

この論争に決着が付けられるのは、1924年、ハッブルが当時世界最大だったウィルソン山天文台フッカー望遠鏡でアンドロメダ星雲内のセファイド変光星を観測し、変光の周期と明るさの関係をもとに、地球からの距離を90万光年だと推定してからである。ハッブルのデータによれば、アンドロメダ星雲は、大銀河説で想定する銀河系領域の遥か遠方に存在する、銀河系と同程度の天体ということになる（現在の観測データによると、距離は250万光年程度で、差し渡し・恒星数とも天の川銀河よりかなり大きい）。この発見に伴い、それまで渦巻星雲と呼ばれていたものは、銀河系内部のガス雲である暗黒星雲や散光星雲と区別され、「銀河」（galaxies）と呼ばれるようになった。また、われわれの銀河系（the Galaxy）を他の銀河と明示的に区別する際には、「天の川銀河」（the Milky Way）と呼ぶ。

天の川銀河は、ディスク（円盤部分）の差し渡しが約10万光年、恒星数が2000億個以上、質量が太陽のおよそ1兆倍にもなり、銀河の中では巨大で明るい方である（数値が大まかだが、ディスクの主成分はガスで範囲が確定できない、恒星には暗い赤色矮星が多く観測が難しい、質量の大半は光を発しない暗黒物質である——などの理由で、厳密な値が決められない）。宇宙には、質量が天の川銀河の10倍以上もある超巨大銀河もあれば、100万分の1以下の矮小《わいしょう》銀河も存在する。

銀河が宇宙を形作る主要な存在であることを強く印象づけたのが、1995年にNASAのハッブル宇宙望遠鏡によって撮影されたハッブル・ディープ・フィールドと呼ばれる画像（図6－1）である。これは、手前に天の川銀河のディスクや近傍の銀河が存在しない特定領域に観測機器を向けたまま30～40時間にわたって露出し、さまざまなノイズや人工衛星の飛跡などを除いて得られたもので、144秒角の範囲に約3000個の銀河が写っている（白色矮星とおぼしき天体などもある）。

ハッブル・ディープ・フィールドの画像を見ると銀河が密集しているように見えるが、この印象は誤りではない。アンドロメダ銀河や大マゼラン雲の画像を見て星がぎっしり詰まっていると感じるのは、恒星の光が強すぎて拡がって写るための錯覚だが、恒星と異なって銀河は実際に密集している。太陽に最も近い恒星までの距離が太陽の直径の３０００万倍もあるのに対して、天の川銀河に最も近い巨大銀河であるアンドロメダ銀河までの距離は、それぞれの銀河のディスクの差し渡しと比べると、せいぜい10～20倍にすぎない。宇宙の姿を3次元的に可視化すると、銀河は驚くほど近くに寄り添うように存在する。

図6-1　ハッブル・ディープ・フィールド（出典：R. Williams（STScI), the Hubble Deep Field Team and NASA）

多くの銀河は、巨大な楕円銀河や渦巻銀河を数個含む銀河群や、１００個程度含む銀河団を構成している。天の川銀河は、アンドロメダ銀河とともに、大小50個ほどの銀河が確認されている局所銀河群のメンバーである。銀河群・銀河団のような銀河のグループでは、銀河同士は互いに重力で引き寄せあっており、その内部は、恒星からの放射や収縮の際の重力エネルギーの解放によって加熱された高温で希薄なガスで満たされている。ただし、星やガスは銀河団の質量の一部でしかなく、総質量の8割以上は暗黒物質が担う。

形態による銀河の分類

銀河には、天文ファンの心を躍らせる美しい形をしたものが少なくない。こうした形態をもとに銀河を分類する最初の試みは、1926年にハッブルによって行われた。それ以後に集積された多くの観測データをもとに、細部に関してはいろいろと修正が施されたが、銀河を楕円銀河と渦巻銀河（および、両者の中間に位置するレンズ状銀河）に大別する点は、現在でも踏襲されている。それぞれの銀河ごとに、特徴を述べておこう（図6－2）。

楕円銀河――楕円状に見える銀河。角運動量が小さいため、全体として回転することはなく、内部の恒星はランダムに動き回っている。金属（＝ヘリウムより重い元素）の割合が高く、星間ガスは希薄であり、星形成はほとんど行われていない。新しい星が生まれないので、寿命の短い大質量星はすでに死に絶え、質量の小さい赤い恒星ばかりになっている。巨大な楕円銀河は銀河が密集する領域に多く見られ、大きな銀河団の中心付近には、しばしば天の川銀河よりも遥か

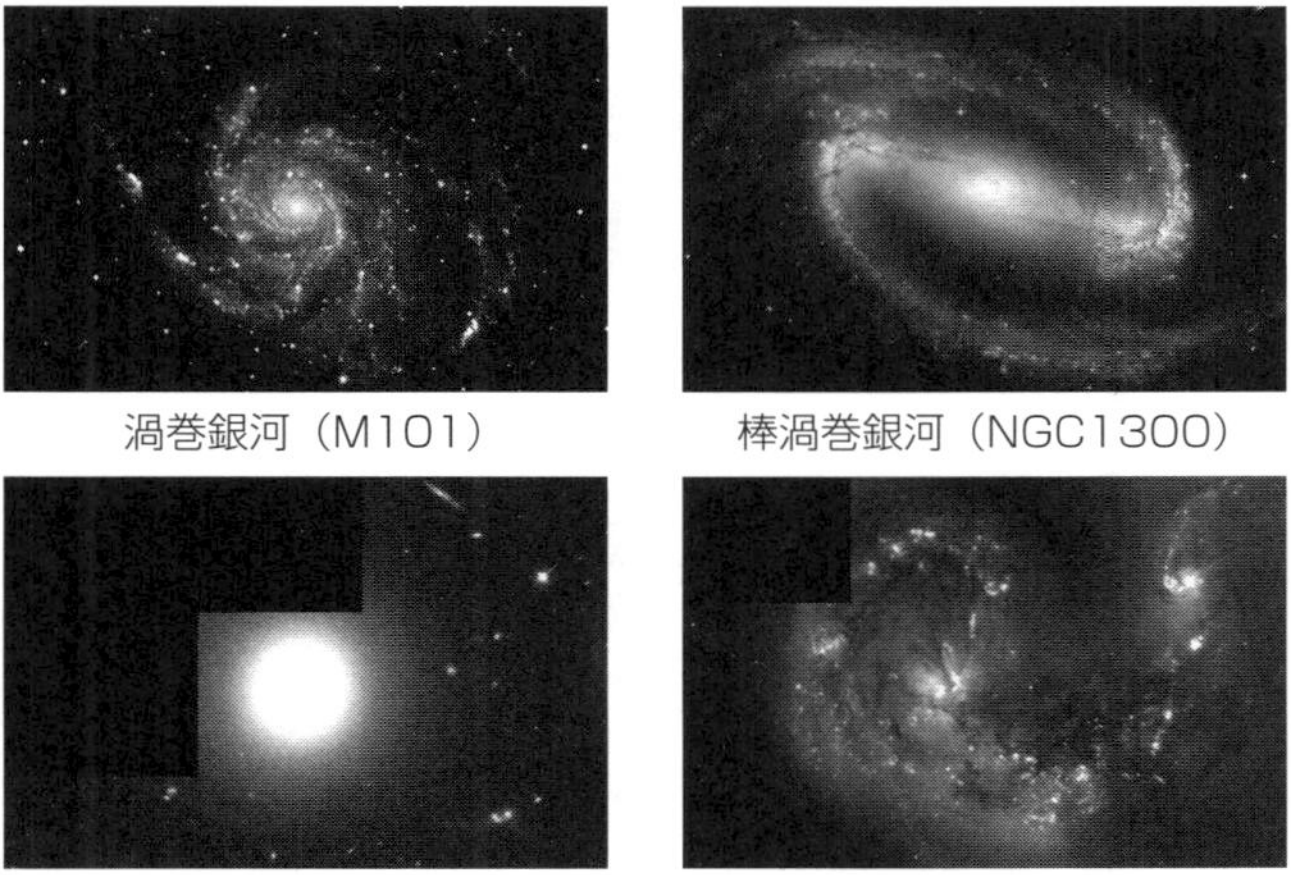

渦巻銀河（M101）　棒渦巻銀河（NGC1300）
楕円銀河（NGC4881）　相互作用銀河(NGC4038-4039)

図6-2　銀河の形態分類（出典：NASA/JPL-Caltech［M101］; NASA, ESA, and the Hubble Heritage Team（STScI/AURA）［NGC1300］; Hubble Space Telescope WFPC Team, NASA, STScI［NGC4881］; Brad Whitmore（STScI）and NASA［NGC4038-4039］）

に巨大な楕円銀河が存在する（天の川銀河が属する局所銀河群は銀河数の少ないグループであり、巨大な楕円銀河は存在しない）。

渦巻銀河――バルジ（中央の膨らんだ部分）の周囲に薄いディスクが存在する銀河で、楕円銀河と比べて密度の低い領域に多く見られる。ディスクには低温の星間ガスが豊富で、そこで星形成が盛んに行われるため、質量が大きく寿命の短い青い恒星も数多く見られる。ディスクの角運動量は大きく、ディスク内部の恒星は、銀河中心の周りで回転運動する。恒星の回転速度は、中心からの距離によってあまり変わらずほぼ一定だが、これは、目に見える恒星よりも、銀河全体をすっぽり包み込んでいる暗黒物質ハローによる重力の方が支配的であることを示す。ディスクの内部には、恒星の密度が高く明るく見える螺旋《らせん》状の渦状腕《かじょうわん》が存在する。バルジが単純に丸いものと、星が密集した棒状の部分が飛び出しているものがあり、後者は、「棒渦巻銀河」として単純な渦巻銀河と区別される。棒渦巻銀河の割合は、当初予想されたよりも高く、全渦巻銀河の3分の2には何らかの棒構造があると見られる。天の川銀河は、かつては棒のない渦巻銀河と考えられていたが、近年の観測によって、棒渦巻銀河であることがわかった。

レンズ状銀河――渦状腕が見られず扁平な楕円形をしており、星形成もあまり活発でないため、楕円銀河のように見えるものの、わずかながらディスクが存在する点が楕円銀河とは異なる。レンズ状銀河を楕円銀河と併せて早期型銀河と呼ぶこともあれば、渦巻銀河と併せてディスク銀河(円盤銀河)と呼ぶこともあり、楕円銀河と渦巻銀河の境界と見なされる。

その他の銀河――ハッブルは、明確な構造を持たず楕円銀河・渦巻銀河いずれにも分類できない銀河を全て「不規則銀河」と呼んだが、この区分は、その後の観測結果を通じていろいろと修正が加えられ、少し曖昧になっている。例えば、太陽系から16万光年の距離にある大マゼラン雲は、ハッブルによって不規則銀河に分類されたが、現在では、渦巻銀河が天の川銀河の重力で変形されたもので、不規則銀河に近い渦巻銀河とされる。こんにち不規則銀河と言えば、一

表6-1　バルジとディスク

	バルジ	ディスク
星形成	不活発	活発
星の色	赤い	青い
金属の割合	高い	低い
冷たいガス	少量	多量

般に、星形成をするが渦巻き構造を有しない銀河を指し、大半が矮小銀河（その名の通り小さな銀河）である。矮小銀河は暗いので、観測されている矮小銀河は、ほとんどが天の川銀河近傍のものである。巨大な銀河でハッブルが不規則銀河に分類したものは、今では「特異銀河」と呼ばれることが多い（研究者によって分類の仕方が異なる）。特異銀河の中には、近づきすぎたために互いの重力で大きく変形した「相互作用銀河」や、爆発的な星形成が起きている「スターバースト銀河」などがある。

形態に基づく銀河の分類は、ディスクがどの程度存在するかという観点から捉えると、整理しやすい。楕円銀河はバルジだけの銀河、渦巻銀河はバルジとディスクを共に有する銀河、レンズ状銀河はわずかにディスクがある銀河と言えよう。星形成が盛んな矮小不規則銀河は、形態は不規則であるものの、成分はディスクに近い。バルジとディスクには表6－1に記したような差異があり、銀河全体に占めるディスクの比率は、「楕円銀河↓レンズ状銀河↓渦巻銀河／棒渦巻銀河↓矮小不規則銀河」の順に大きくなるので、銀河全体の物理的な性質（金属の割合など）も、この順に変化する。

それでは、バルジとディスクはどのようにして形成されたのだろうか？　ハッブルは、まずバルジだけの楕円銀河が誕生し、その周囲にガスが集まってディスクを形作り、しだいに渦巻銀河に成長すると考えたが、現在では、この銀河進化論は全く誤っていたことがわかっている。逆に、渦巻銀河がディスクを失って楕円銀河になった可能性が高い。現代的な銀河進化論が発展した背景には、1990年以降、ハッブル宇宙望遠鏡（1990年打ち上げ）やすばる望遠鏡（1999年観測開始）など、高性能の巨大望遠鏡が稼働し始め、遠方の銀河の姿が明らかになったことがある。

遠方銀河に見られる特徴

光が地球に到達するのに時間が掛かるため、遠方の銀河を調べることにより、銀河が時間とともにどのように変化するかがわかる。巨大望遠鏡によって明らかにされたのは、時間を遡るにつれて、楕円銀河や渦巻銀河のような形態のはっきりしたものが減り、ハッブルが不規則銀河と呼んだもの（特異銀河）が増えるという状況である。

銀河の形態の変化を、現在から過去に向かって見ていこう。30億年ほど過去（宇宙暦110億年頃）に遡ると、現在の宇宙と比べて、銀河の形態に有意な差異が見られるようになる。50億年前

（宇宙暦90億年頃）になると、渦巻銀河の渦状腕は、現在のものほど発達していない。また、棒渦巻銀河は、過去に遡るにつれて少なくなり、80億年ほど前（宇宙暦60億年頃）には、割合が現在の半分程度になる。楕円銀河の場合、割合はあまり変化しないが、一部に青い星（誕生したばかりの大質量星）を含むものが見られるので、星形成を行っていた時期があることが示される。

１００億年以上の過去になると、相互作用銀河やスターバースト銀河などの特異銀河が目立って増える。宇宙暦30億年頃には、観測可能な明るい銀河のおよそ30％は、大きく変形した特異なタイプとなる。宇宙暦20億年頃のものは、解像度が低く形態がはっきりしないが、ぼんやりとした画像ながらも長く尾を引いているように見えるなど、形がゆがんだ銀河が多い。しかし、観測データは不十分で、このゆがみが何を表すのか、きちんと解明されたわけではない。

こうした銀河の形態変化は、何に起因するのだろうか？　原因として、銀河単独での経年変化と、複数の銀河の相互作用による変化の二つを考えることができる。

まず、銀河単独での変化だが、これに関しては、コンピュータ・シミュレーションによる研究が進められている。渦巻銀河の形がどのように形成されるかは長らく謎だったが、天体だけではなく星間ガスとの相互作用を考慮したシミュレーションを行うと、星やガスがのっぺりした円盤の形に集まった状態から、しだいに渦状腕や棒状の構造が生まれては消える過程が再現された。

渦状腕は、星が密集している領域であり、星の回転速度と同じスピードで移動するのではない。道路で渋滞が発生したとき、渋滞の先頭になった車からどんどん先に進めるので、車の平均移動速度は渋滞地点が移動する速さよりもずっと速い。それと同じように、恒星は渦状腕よりも速く移動していくが、シミュレーションによると、こうした移動の際に星とガスの間でエネルギーをやりとりすることで、渦状腕の形状が複雑に変化することがわかった。

多くのシミュレーションでは、何の構造もない初期の状態から次第に渦状腕が発達した後、腕が消滅したり再形成されたりする。ただし、計算条件を変えると結果が大きく変動し、全ての渦巻銀河で棒構造が生まれるなど、観測データとは異なる結果をもたらすこともあるので、現実的な条件は何かを巡って、研究が続けられている。

銀河同士の相互作用は、20世紀終わり頃から明らかにされたもので、銀河の歴史に関する見方を根本から変えることになった。遠方の銀河に多く見られる、形態の不規則な特異銀河は、銀河同士が重力で引き合って変形したものと考えられる。こうした特異銀河の多さは、過去に遡るほど銀河が盛んに相互作用しあっていたことを意味する。銀河は、孤立したまま単体で変化したのではなく、他の銀河と合体しながら成長し、時に巨大銀河同士が衝突して急激に老化するといったダイナミックな過程を経てきたのである。

相互作用は、今もなお続いている。天の川銀河もいて座矮小銀河を吸収しつつあり、将来、アンドロメダ銀河と衝突してスターバーストと呼ばれる現象を引き起こすことが予想される。

銀河の成長と老化

銀河の成長と老化を、概括的に眺めていこう。

宇宙空間に天体が誕生するのは、凝集した暗黒物質のフィラメントが交差する高密度のハローと呼ばれる領域に、通常の（暗黒物質でない）物質が引き寄せられ凝集した結果である（第４章）。最初の星はきわめて巨大だったが、数百万年で寿命が尽きて超新星爆発を起こすと、ばらまかれた酸素や炭素などの分子がガスを冷やす冷却材として機能するようになる。その結果、ガスがすみやかに凝集し、次第にいくつもの小さな星が生まれ、これらが集まって天体集団を形作った。宇宙の初期には現在ほど宇宙空間の膨張が進んでおらず、こうした天体集団は近接していたため、重力によって互いに引き寄せられ、ハローごと合体しながら巨大化していった（図６－３）。

小規模な天体集団が合体を繰り返し、多くの星と大量のガスや塵が凝集した銀河に成長すると、原始惑星系円盤（第５章）の場合と同じように、角運動量の保存則に従って、回転する扁平な円盤が形成される。このとき、他の天体と衝突するなどして回転速度が遅くなった星は、人工衛星が地上に落下するように銀河の中心に落下する。この結果、中央部には回転速度の遅い星が集まり、その周囲に、より高速で回転する薄い円盤ができる。こうして、バルジとディスクを持つ巨大な渦巻銀河が形成される（この記述はかなり単純化したもので、バルジとディスクの形成に関して

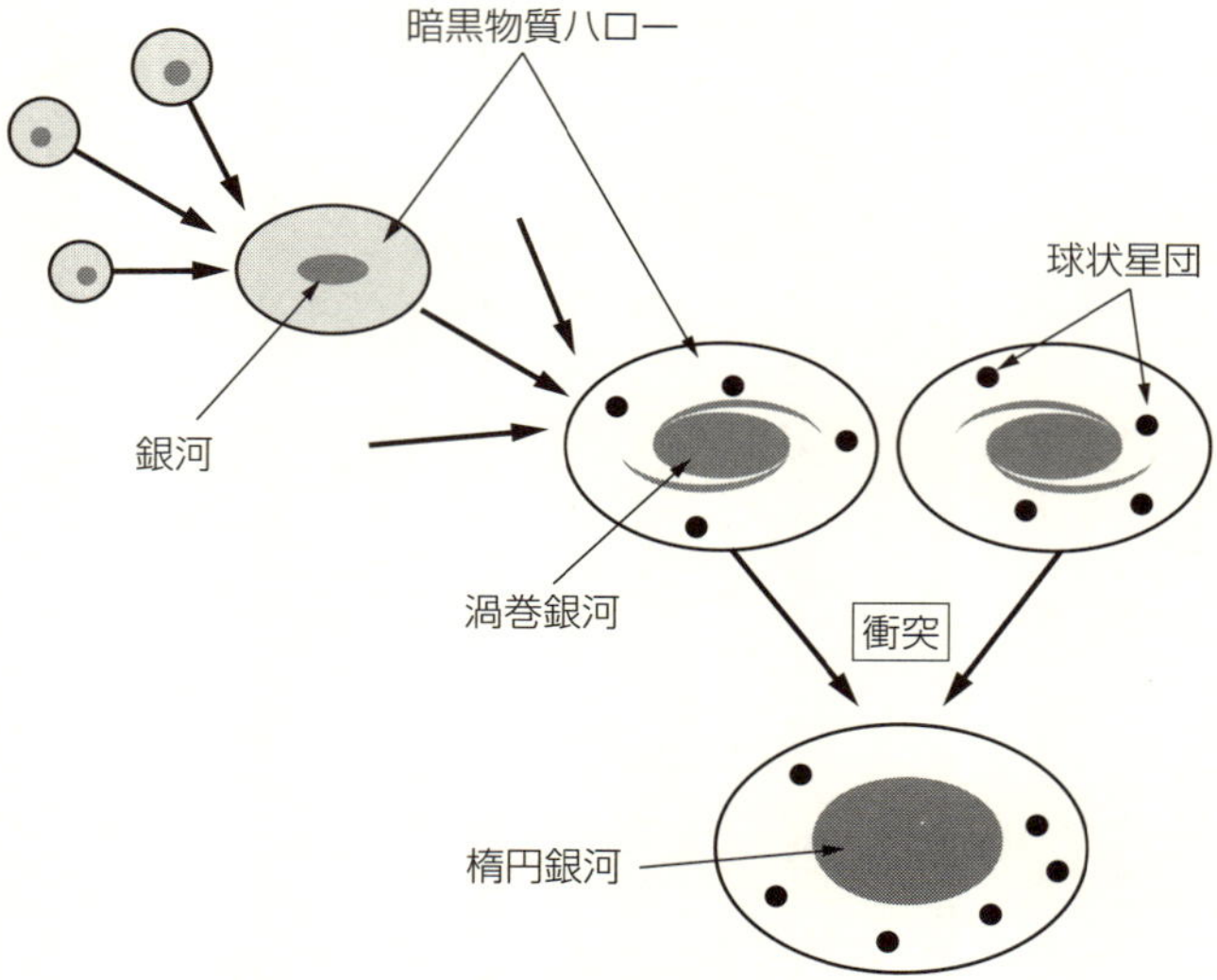

図6-3　銀河の成長

は、もう少し複雑なプロセスを考える必要がある）。

天の川銀河の場合、ディスクは、外側から、厚いディスク、薄いディスク、エクストリーム・ディスクの3層構造をしている（図6－4）。太陽の近くにある薄いディスク内部の星は、いずれも、銀河中心の周りを毎秒約220キロメートルで回っている。銀河面に垂直な速度は毎秒約20キロメートルと小さく、銀河面から1000光年以下の範囲で上下運動する。一方、厚いディスク内部の星は、垂直方向の速度が大きく、銀河面から3000光年程度まで離れることができる。エクストリーム・ディスクは、塵を多く含むきわめて薄い層で、星をさかんに形成している。

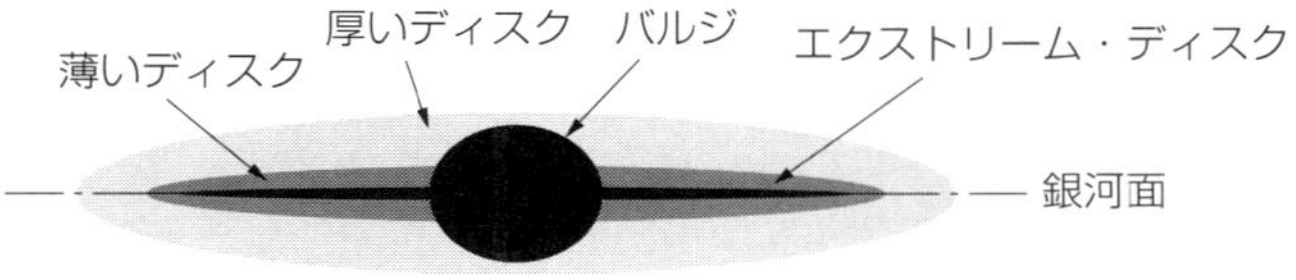

図6-4　天の川銀河のディスク

コンピュータ・シミュレーションによれば、ほぼ同じ大きさの渦巻銀河が合体するとディスクは破壊されるが、巨大な渦巻銀河が小さな銀河を吸収する場合は、ガスを取り込んでディスクが厚くなる。さらに、合体の衝撃でディスク内部のガスに密度の揺らぎが生じることで星形成率が上昇し、次々と恒星を生み出す豊饒な銀河となる。また、ディスクの周囲には、副産物として球状星団が作られることが多い。

渦巻銀河の場合は、小規模な銀河がいくつも合体して誕生するという見方がほぼ確立されたが、楕円銀河の形成に関しては、学説が分かれている。宇宙の初期に、密度の高い領域でガスの塊が凝集して形成されたという説と、小さな銀河を吸収して巨大化した二つの渦巻銀河が衝突、ディスクが失われて楕円銀河になったという説がある（図６－３では後者の説を示した）。

「最近80億年ほどは楕円銀河の割合があまり変化していない」というデータは、宇宙の初期に楕円銀河が形成されたことを示唆するが、なぜディスクが存在しないかをうまく説明できない。二つの巨大渦巻銀河が合体したとすると、星間ガスに衝撃が加わって短期間のうちに大質量星がいくつも形成され、これらがほぼ同じ時期に寿命を終えて次々と超新星爆発を起こしディスクを吹き飛ばすと予想されるので、ディスクのない理由が説明できるが、それならば、なぜ楕円銀河の割合が時間とともに増えていないのかがわからない。

いずれにせよ、楕円銀河は、誕生したばかりの頃はともかく、その後は、星をほとんど生み出さない不毛の銀河である。

星形成率は、銀河の〝若々しさ〟を表す指標と見なすことができる。これは、1年間当たり太陽質量の何倍の星が作られるかを表すもので、波長ごとの光度をもとにした推定値ではあるものの、かなり信憑性《しんぴょう》の高い数値である。現在の天の川銀河における星形成率は、およそ3である（形成される星は太陽より質量の小さいものが多いので、誕生する星の個数は3より多い）。

興味深いことに、遠方の銀河には、星形成率が10を超える多産なものが少なくない。これは、銀河同士が合体した際に星形成率が増大する性質が現れたものだろう。単位体積当たりの星形成率で言えば、宇宙暦40億〜60億年頃、最も多量の星が生み出されていた。しかし、星の産出は、星形成に適した低温の星間ガスを消費することでもある。このため、いつまでも高い星形成率を保つことはできず、しだいに星を産出する能力は低下していく。

現在の天の川銀河の場合、最盛期ほどではないにしても、ディスクで活発な星形成が続いており、まだまだ元気な中年の銀河と言ったところである。矮小銀河の中には、ここ30億年ほどの間に、何らかの外的な要因によって星形成率を上昇させたものもある。それでも、永遠に若さを保てるわけではない。これから１００億年の間に、多くの銀河は確実に老いていき、いつしか星を作る能力をほとんど失ってしまう。宇宙における「長い終わりの始まり」である。

天の川銀河の過去と未来

われわれの天の川銀河は、これまでどのような歴史をたどり、これからどのように変化していくのだろうか？

天文学者たちは、天の川銀河とその周辺に残されたさまざまな痕跡から、過去に何があったかを探索する銀河考古学の研究に着手している。いくつもの小規模な銀河が合体して巨大な渦巻銀河へと成長した初期の過程は、ほとんど理論に頼るしかないが、ここ数十億年という〝最近〟の歴史ならば、観測データをもとにかなり解明されてきた。それによると、自分の質量の20％を超える規模の銀河との合体はしばらく起きておらず、もっぱら小さい銀河を吸収する過程が続いている。

観測された痕跡の中で特に際だっているのが、吸収された矮小銀河が残した足跡とも言える「スターストリーム」である。

現在、天の川銀河の周囲には、衛星銀河（あるいは伴銀河）と呼ばれる小さな銀河が少なくとも20個回っており、未発見の衛星銀河がさらに数十個あると推測される。これまでに吸収・合体した銀河の個数は、それより遥かに多いだろう。こうした矮小銀河が接近すると、天の川銀河に近い側には反対側より強い重力が働くので、矮小銀河全体が引き伸ばされるような作用となる。このような重力の差に起因する力を、場所によって月からの重力が異なるせいで潮の満ち干が起きることになぞらえて、潮汐力《ちょうせき》という。潮汐力によって矮小銀河は変形・破壊され、そこからこぼれ落ちた星は、矮小銀河とは少しずれた軌道をたどって天の川銀河を周回するようになる。このため、天の川銀河の周囲で、矮小銀河に多く含まれるタイプの星だけを抜き出して表示すると、リボンのような恒星の連なりが何重にも天の川銀河を包み込んでいるように見える。この恒星の連なりを、スターストリームと言う。

最初に確認されたスターストリームは、いて座矮小銀河の軌道に沿って並んでおり、この銀河に属していた恒星だと見られる。いて座矮小銀河は、地球から見て銀河中心の反対側にあり観測しにくいため、視野角が月の10倍ほどあるにもかかわらず1994年になってようやく発見された銀河で、天の川銀河の重力で破壊されつつあり、まもなく飲み込まれる運命にある。

これまで天の川銀河が飲み込んできた数多くの銀河は、どうなったのだろうか？　星同士の間隔は星の直径の何千万倍もあるので、二つの銀河が合体しても星の衝突が起きることは滅多になく、エネルギーや角運動量の再分配が行われ、星の配置が変更されるだけである。現在、飲み込まれた銀河の痕跡を探索する試みが進められており、銀河の残骸ではないかと思われる星の集団がいくつか報告された。例えば、2003年に報告されたおおいぬ座矮小銀河は、天の川銀河の中心から4万2000光年の位置にあり、すでにバラバラになりかけている（本当に銀河の残骸なのか、懐疑的な研究者もいる）。

元素組成や年齢、固有運動（銀河全体の運動からはずれた運動）の仕方が他の星と異なることを手がかりに、吸収された銀河に由来する恒星を特定する作業も行われている。春の夜空を代表する1等星アークトゥルスが、こうした〝エイリアン〟の一つではないかと考える研究者もいる。

天の川銀河が属する局所銀河群には、もう一つ、アンドロメダ銀河という巨大銀河がある。アンドロメダ銀河の周囲にもスターストリームらしきものが発見されており、天の川銀河と同じように、矮小銀河を次々と飲み込んで成長してきたことが窺える。こうした合体過程の最後の大イベントとして控えているのが、40億年以内（宇宙暦180億年頃まで？）に起きるとされる天の川銀河とアンドロメダ銀河の合体である。

少しずつ年老いていく渦巻銀河にとって、矮小銀河の吸収は、一時的に若返る効果がある。矮小銀河が持つガスが流れ込むとともに、ディスクに密度の揺らぎが生じて、新たな星の形成が促されるからである。ところが、巨大銀河同士が合体することは、一気に老化を進める破壊的な出来事となる。

渦巻銀河同士が衝突すると何が起きるか、完全にはわかっていない。コンピュータ・シミュレーションなどの結果からすると、天の川銀河とアンドロメダ銀河のような巨大な渦巻銀河が衝突・合体する場合には、銀河内部のガスが大きく揺らいで、大質量星が次々と生まれる「スターバースト（爆発的星形成）」が起きる可能性がある。

天の川銀河における現在の星形成率は（1年当たり太陽質量の何倍かという数値で）3程度だが、スターバースト銀河では星形成率が100を超え、数万年から数百万年という（銀河のタイムスケールからすると）きわめて短い期間に、太陽質量の数十万倍から数億倍の星形成が行われる。このときに誕生する大質量星は、いずれも寿命が短く、星形成が行われてから（銀河にとって）わずかな時間で次々と超新星爆発を起こす。その爆発力は強大で、周囲にあったディスクを吹き飛ばしてしまうだろう。そうなると、星の揺籃《ようらん》だったディスクが失われ、星形成をほとんど行わない〝老成した〟楕円銀河が後に残される。

なぜ100億年か？

現在は宇宙暦138億年である。ビッグバンから100億年少々経った時点に当たるが、なぜ「1000億年」でも「10億年」でもなく「100億年」なのかは、真剣に考えるべき問いである。宇宙論的な観点からすると、銀河の誕生と成長に数十億年を要することが、現在が、宇宙が始まって10億年頃ではない理由となる。

銀河は、ビッグバンから数億年経た頃から誕生し始めるが、初期の銀河は衝突・合体を繰り返し、そのたびに大質量星が形成されては短期間で超新星爆発を起こしていた。ブラックホールも次々と生まれ、そこに物質が流れ込む際に強力な放射線が放出されるので、生命が生まれるには、かなり都合の悪い環境だったと考えられる。銀河内部の環境が安定し、渦巻銀河のディスクでコンスタントに星が形成されるようになるまでに、数十億年が掛かる。その頃に作られた恒星の周囲に原始惑星系円盤が形成され、海を有する惑星が生まれると、ようやく生命の発生が可能になる。そうして誕生した生命の中で、進化を続けて文明を持つに至ったのが、われわれ人類なのである。

ここで気になる点がある。生命進化のタイムスケールが、恒星の寿命や銀河が老化する期間に比べて、やや短い程度だということだ。

地球の場合、地表が冷え固まってから十数億年後に単細胞の原核生物（細胞核のない生物）が誕生、それから数億年ないし十数億年を掛けながら、真核生物（細胞核のある生物）、多細胞生物、陸上生物へとステップアップしていった。もちろん、人類にとって快適な地球環境が、一般的な生命には過酷なもので、他の惑星に比べて進化のスピードが遅かった可能性もある。

しかし、仮に地球上での生命進化が典型的なものだとするならば、恒星が形成されてから文明を持つ知的生命が誕生するまでに、50億年ほど掛かることになる。

化学進化が起きるには、表面温度が何千度にも達する恒星から低温の海に光が射し込むことが重要だと考えられる（第5章）。こうした恒星は、太陽のようなG型（あるいはF型）主系列星だが、その寿命はせいぜい100億年程度、もう少し温度の低いK型主系列星でも、200億〜300億年である（主系列星やG型、F型などの用語は、第7章で説明する）。一つの惑星上において、生命の誕生から絶滅に至るライフサイクルを何回も繰り返す時間的余裕は、あまりない。

しかも、銀河は100億年程度で老化の兆候を見せ、星形成率が低下していく。巨大銀河同士が衝突・合体すると、あっと言う間に星をほとんど生み出さない楕円銀河となってしまう。ビッグバンから100億年少々という現在は、星形成率がピークとなった時期（宇宙暦40億〜60億年）から生命進化に必要な期間を経た時期に当たり、宇宙における第1世代の生命が最も繁栄している頃だと推測される。だからこそ、そうした生命の一つである人類も、この瞬間を生きているのだろう。

しかし、この繁栄は、宇宙全史からすると、一瞬の出来事にすぎない。これからの100億年の間に、宇宙はどんどん老いていき、生命の総数は減少していくだろう。

宇宙に生命の煌《きら》めきが見られる期間は、実は、かなり短いのである。

第7章

消えゆく星、残る生命

——宇宙暦1兆年まで

1895年にH・G・ウェルズが著したSFの古典『タイム・マシン』では、数千万年後の地球に降り立った主人公のタイム・トラベラーが、赤く巨大な太陽が東の空で弱々しい光を放ち、地上には、わずかなコケと化け物ガニしかいなくなった光景を目撃する。

あの世界をくるんでいる、すさまじいわびしさは、なんともいいようがない。真赤な東の空、真黒な北の空、塩層のつづく死の海、あの化けものどもが、いやらしくもぞもぞはいまわる岩だらけの海岸、一様に毒々しい緑色の地衣類、胸苦しくなるような空気、すべてが化けものじみた世界なんだ。

『タイム・マシン』（石川年訳、角川文庫）

それは、世の終わりを感じさせる光景である。

赤く巨大な太陽の描写は、50億年後に中心部の水素燃料を使い尽くした太陽が、赤色巨星に変貌するという現代天文学の予測を思い起こさせる。だが、この予測は、『タイム・マシン』が発表されてから数十年後に提唱されたものなので、ウェルズが知るはずもない。

彼が参考にしたのは、「恒星が輝くのは、自重で収縮する際に摩擦などによって発熱するからだ」という、19世紀半ばにケルヴィン卿《きょう》が考案した理論だろう。この理論に基づいて太陽の寿命を計算すると、数千万年から長くても数億年という値が得られる。寿命が尽きると熱源がなくなるため、ちょうど溶鉱炉で白熱していた鉄が冷えて赤黒くなるのと同じように、太陽は冷えて赤みを帯びてくる。ウェルズは、ケルヴィン卿のアイデアに従って、赤く弱々しくなった太陽の姿を描いたと思われる。現実の太陽は、核融合の効率を上げてしだいに高温になるので、今から十数億年後には地球上は灼熱地獄と化し、海が蒸発して生命の存在には適さなくなる。

『タイム・マシン』の世界で太陽が巨大に見えるのは、地球が星間物質との摩擦で運動エネルギーを失って、太陽に引き寄せられるという推測からだろうか。現代天文学によると、地球の公転半径を小さくする効果（摩擦力の他に、太陽の変形も地球を引き寄せる効果を持つ）と、大きくする効果（太陽が物質を放出して質量を失うことが寄与）の両方があり、予測は難しいものの、現在よりも太陽から少し遠ざかるのではないかと見られる。

　ウェルズは、数千万年後（実際には十数億年後）の冷えた（実際には灼熱の）地球から生命が失われていく光景を想像したが、現在の宇宙論研究者は、数千億年後に全宇宙から生命が消えていくさまを思い描く。銀河はしだいに恒星を生み出さなくなり、太陽のように明るく輝く星は次々に寿命を終えて死んでいく。１０００億年も経つと、生き残っているのは赤く暗い星ばかりとなり、その周囲に生命がどれほど繁栄しているか、おぼつかない。

　そして、宇宙暦1兆年に達する頃には、最も長い寿命を持つ暗い星たちでさえも、徐々にその灯を消していく。宇宙の黄昏《たそがれ》とも言うべき時代である。

死に絶える星、生き残る星

　前章で述べたように、星の揺籃となっているのは、渦巻銀河のディスク部分である。ただし、ディスクは永遠に存在するわけではない。巨大な質量を持つ恒星ならば、最後に超新星爆発を起こして再び星間ガスを供給するが、多くの天体は超新星になるほどの質量を持っておらず、質量の一部を放出するだけに留まるので、年代が下るにつれて、星を作るための素材が減っていくからである。

　こうして、星の形成に好都合な低温の星間ガスは少しずつ失われていき、星形成率は低下していく。巨大な渦巻銀河同士が合体した場合は、スターバーストが起きてディスクが吹き飛ばされてしまい、短期間のうちに星の形成をほとんど行わない楕円銀河になる。巨大な渦巻銀河が矮小銀河を飲み込んだ際には、星間ガスが供給されることで星形成率が上昇するが、あくまで一時的な出来事にすぎない。

星形成率がどの程度の割合で低下しているかは、必ずしもはっきりしない。大ざっぱな見積もりによれば、現在は100億年前に比べて10分の1以下、現在から1000億年経つとさらに10分の1以下になると見られる。

星がほとんど作られなくなると、短命の星は次々と死んでいき、長生きの星だけが残される。第4章では、第1世代の星は、おしなべて質量が太陽の数十倍以上もあり、その結果として、寿命が数百万年程度であると述べたが、一般に、質量が巨大なほど核融合が活発になるため、明るいが寿命の短い恒星になる。

水素を燃料として持続的な核融合を行っている恒星は、一定の期間にわたって安定して輝き続けることができ、「主系列星」と呼ばれる。水素燃料を使い尽くすと（後で説明するように）核融合が不安定になり、急激に巨大化して赤色巨星へと変貌する。主系列星でいる期間を恒星の寿命とし、寿命と質量の関係をプロットすると、図7－1のようになる。太陽と同程度の質量を持つ恒星の寿命は約100億年（したがって、宇宙暦92億年に生まれた太陽は、宇宙暦190億年頃に赤色巨星化することになる）だが、質量が太陽の10倍になると数千万年、１００倍になると数百万年しかない。

主系列星では、中心部での核融合によって生成されるエネルギーが表面まで定常的に輸送され、放射エネルギーとなって星を輝かせる。このため、大量のエネルギーが生成される質量の大きな星ほど、表面温度が高く明るい。第３章の背景放射の節で説明したように、温度が高くなるにつれて、スペクトル（波長ごとの放射エネルギーの割合）のピークが波長の短い青色の側にずれるので、主系列にある恒星の色は、大質量星ほど青っぽく、逆に質量の小さい星ほど赤っぽくなる。

恒星の分類に「スペクトル型」というものが使われるが、これは、恒星の色が青っぽいか赤っぽいかを表し、表面温度の指標になる。現在、標準的に用いられるスペクトル型は、ハーバード式と呼ばれるもので、表面温度の高い順

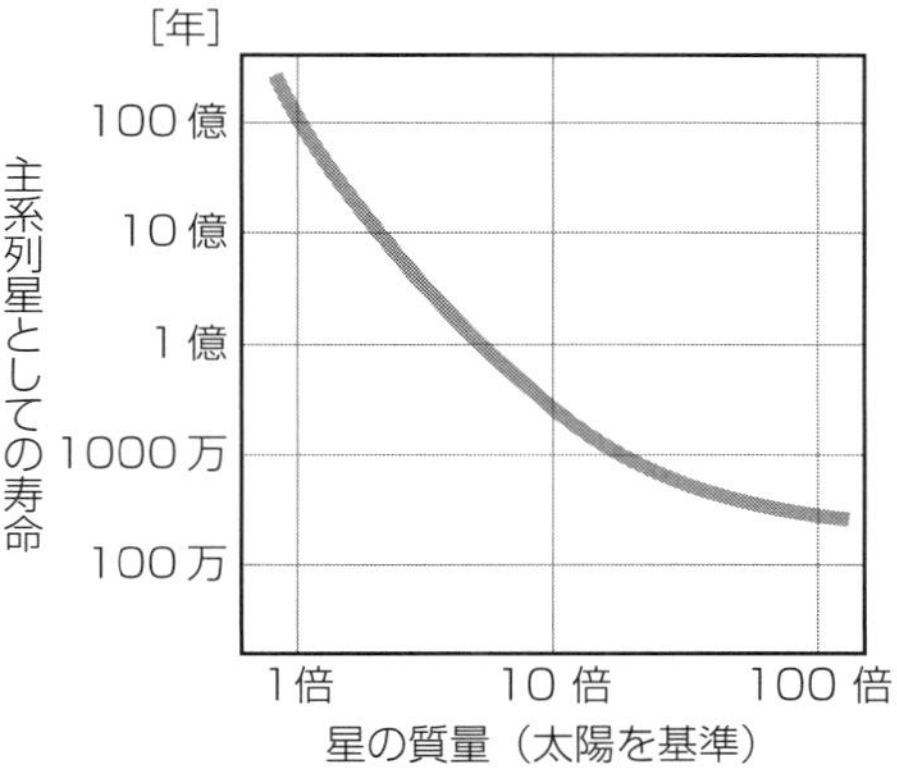

図7-1　恒星の寿命と質量の関係（『シリーズ現代の天文学７　恒星』〔野本憲一ほか編、日本評論社〕図3.16をもとに作成。組成に依存するばらつきがあるため、グラフに幅を持たせた）

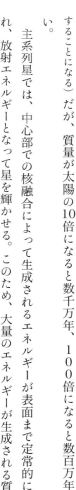

表7-1　恒星のスペクトル型と表面温度

スペクトル型	O5	B5	A5	F5	G5	K5	M5
恒星の色	青	青白	白	黄白	黄	橙	赤
表面温度	45000度	15000度	8300度	6600度	5600度	4400度	3300度

にO－B－A－F－G－K－Mとなり、それぞれの型に0から9までの数字を付記して細かく分類する（近年では、L型など新しい型が加えられている）。太陽は、G2型主系列星である。アルファベットの並びがメチャクチャなのは、もともと別の根拠に基づいて分類されていたものを、表面温度の順に並べ直したため。スペクトル型と表面温度、色合いの関係は、表7—1のようになる。

現在、太陽と同程度の明るさで輝いているF型（質量が太陽の1・0〜1・4倍）ないしG型（質量が太陽の0・8〜1・3倍）の恒星の多くは、星形成率が今よりもずっと高かった数十億年前に作られたものであり、これから数十億年のうちに主系列星としての寿命を終えることになる。星形成率は、矮小銀河を吸収して一時的に上昇するケースを除けば、低下し続ける傾向にあるので、太陽と同程度以上に明るく輝く星は、次々に宇宙から姿を消していく。さらに、やや暗いK型主系列星が数百億年の寿命を終えると、宇宙は暗いM型の恒星ばかりになる。

星のエネルギー源

ここで、恒星内部で行われる核融合について、簡単に説明しておこう。

原子核は陽子と中性子から構成されるが、陽子・中性子は、充分に接近させると核力と呼ばれるきわめて強い引力が働いて合体しようとする。原子核は、核力によって陽子・中性子が結合したもので、核力の性質により、陽子と中性子がほぼ同数になる方が安定性が高く、核反応によって作られやすい。

核力によって二つの粒子が合体するときには、ちょうど、高い場所に置かれていた物体が重力に引かれて地表まで落下するとき、それまで表に現れなかった重力の位置エネルギーが運動エネルギーとして姿を現すように、隠されていた核力のエネルギーが解放されて外部に放出される。これが、核融合によるエネルギーの発生である。主系列星の内部では、主に水素の原子核が核融合を起こしており、これが熱源となって星が光り輝くのである。

核力はごく短い距離でしか作用しないため、原子核同士を核融合をさせるには、二つの原子核を充分に近づけなければならない。ところが、原子核に含まれる陽子はプラスの電荷を持ち、その結果として、原子核同士は電気的に反発しあう。電気的な反発力を乗り越えるために、原子核が大きな運動エネルギーを持って激しくぶつかることが必要なので、核融合を起こす物質はきわめて高温でなければならない。

また、核融合が頻繁に起きるには、ある程度以上の密度が必要である。こうした高温・高密度状態は、宇宙が始まったビッグバンの際にも実現されたが、すぐに宇宙空間が膨張して温度・密度ともに低下したため、せいぜい重水素やヘリウムくらいしか作れなかった。しかし、恒星内部では、重力によって核燃料が狭い領域に閉じ込められ、高温・高密度状態が長く持続するので、核融合はさらに進み、最終的には鉄まで生成することができる。

まず、恒星内部で最初に起きる核融合反応である水素の核融合について見ることにしよう。この核融合を天文学者は「水素燃焼」と呼ぶが、もちろん、化学反応としての燃焼ではなく、水素原子核（＝陽子）４個が結合してヘリウム原子核を生成する核反応である。水素は恒星の大部分を占める成分なので、水素燃焼が起きている間、恒星は、長期にわたって安定して輝き続ける主系列星の段階にある。

水素燃焼には、主に太陽と同程度以下の質量を持つ小質量星内部で起きる「ｐｐチェイン」反応と、中程度から大質量星で盛んになる「ＣＮＯサイクル」反応がある。ｐｐチェインのｐは、陽子の英語名 proton の頭文字で、陽子同士の衝突から始まる連鎖反応（チェイン・リアクション）によってヘリウムが作られる。一方、ＣＮＯサイクルは、炭素（C）、窒素（N）、酸素（O）の原子核が触媒となって核反応を促進するもので、ヘリウムより重い元素がある程度以上存在することが必要なので、第1世代の恒星では起こらない。

ＣＮＯサイクルの反応率は温度が高くなると急激に上昇するため、中心温度の高い中大質量星では、水素燃焼の主たる核反応になる。ｐｐチェインとＣＮＯサイクルのどちらが優勢になるかの分かれ目は、質量が太陽の1・1倍より大きいか小さいかで、太陽（小質量星に当たる）の場合、CNOサイクルによるエネルギーは、水素燃焼全体の2％程度しかない。

主系列星では、中心付近で水素燃焼が続けられ温度は少しずつ上昇するが、温度が充分に高くなると、水素以外の核融合反応が開始される。温度が1億度以上になると、ヘリウム燃焼（と言っても、化学反応ではなく核融合）が始まる。まず、3個のヘリウム4原子核（アルファ粒子）が融合して炭素原子核になるトリプルアルファ反応が起き、さらに、この反応でできた炭素がヘリウム4と反応して、酸素が生成される。

さらに、温度が6億〜7億度になると炭素燃焼によって酸素、ネオン、マグネシウムなどが生まれる。15億度でネオン燃焼、20億度で酸素燃焼が起き、30億度以上では、ケイ素燃焼によって最も安定な元素である鉄が生成される。炭素燃焼より後の核融合では、他の物質とほとんど相互作用しないニュートリノが、発生したエネルギーの大部分を宇宙空間に持ち逃げしてしまうため、温度の上昇にはあまり寄与しない。

巨星化と恒星の死

中心部で全ての水素が使い尽くされると、太陽の半分以上の質量を持つ星は、主系列からはずれて赤色巨星への道をたどる。本章では、質量が太陽の8倍以下の中小質量星の最期を見ることにし、大質量星に関しては、ブラックホールの話題と併せて第9章に回す。

水素燃焼が長く続くと、しだいに中心部分の水素が減少し、ある時点で水素燃料を使い果たしてしまう。そうなると、さまざまな変化が立て続けに起きる。まず、水素を失いヘリウムばかりになった中心部分（ヘリウム中心核）で水素燃焼が起きなくなるため、自重を支えるだけの圧力が維持できなくなり、いったん収縮を始める（太陽のような小質量星は、ほとんど収縮しない）。しかし、この収縮によって解放された重力エネルギーで中心核の外殻部分が加熱され、そこに残っていた水素の核融合が急激に活発になる。その結果、多量に生成される熱を外部に放出するのが間に合わなくなり、ヘリウム中心核の外側が加熱されて熱膨張を起こす。一方、外部に放出される熱量は減少するために表面温度は低下し、星は赤っぽくなる。こうして、主系列からはずれた恒星は、赤色巨星へと進化していく。

一方、ヘリウム中心核では、温度が1億度に達するとヘリウム燃焼が始まる（太陽質量の46％以下の恒星では、ヘリウム燃焼を起こすほど高温になれず、一部の質量を放出した後、ヘリウム中心核がそのまま「ヘリウム白色矮星」となる）。太陽質量の8倍以上の大質量星では、ヘリウム燃料を使い尽くすと、炭素・酸素から成る中心核で核融合が起きる炭素燃焼段階を経て超新星爆発を起こすが、8倍以下の中小質量星は、炭素燃焼が始まらないまま最期を迎える。

ヘリウム燃焼段階に入った中小質量星は、大質量星のような超新星爆発は起こさないものの、かなり複雑なプロセスを経て死に至る。具体的な過程は質量や金属含有量によって異なるが、核融合が不安定になって、温度や光度がフラフラと変化する脈動変光星になりやすい。核融合が不安定になるのは、ヘリウム燃焼が続いて中心部に炭素・酸素が溜まり、ヘリウムが存在するのが中心核周囲の薄い殻だけになったときである。このとき、薄い殻でのヘリウム燃焼は（通常の化学反応も薄い層では不安定になりやすいのと同じように）暴走して激しくなったり急速に衰えたりする過程を繰り返す。最終的には、外層部分が吹き飛ばされ中心核だけが残って、（炭素・酸素などを含む通常の）「白色矮星」となる。

以上の過程をまとめたものが図7－2である。

典型的な白色矮星は、質量が太陽の60％程度、半径は太陽の100分の1程度で、平均密度は太陽の100万倍にもなる。質量の大きな白色矮星では、しばらく核反応が継続するが、中心核だけではもはや長期にわたって核融合を起こすことはできず、しだいに熱や光を生み出すことのない暗い星（黒色矮星と呼ばれることもある）となって一生を終える。

小さな星の長い生涯

太陽の半分以上の質量を持つ恒星は、寿命が数百億年以下なので、銀河で星が作られなくなるのに伴って、宇宙から次々と姿を消していく。今から1000億年も経過すると、宇宙に存在す

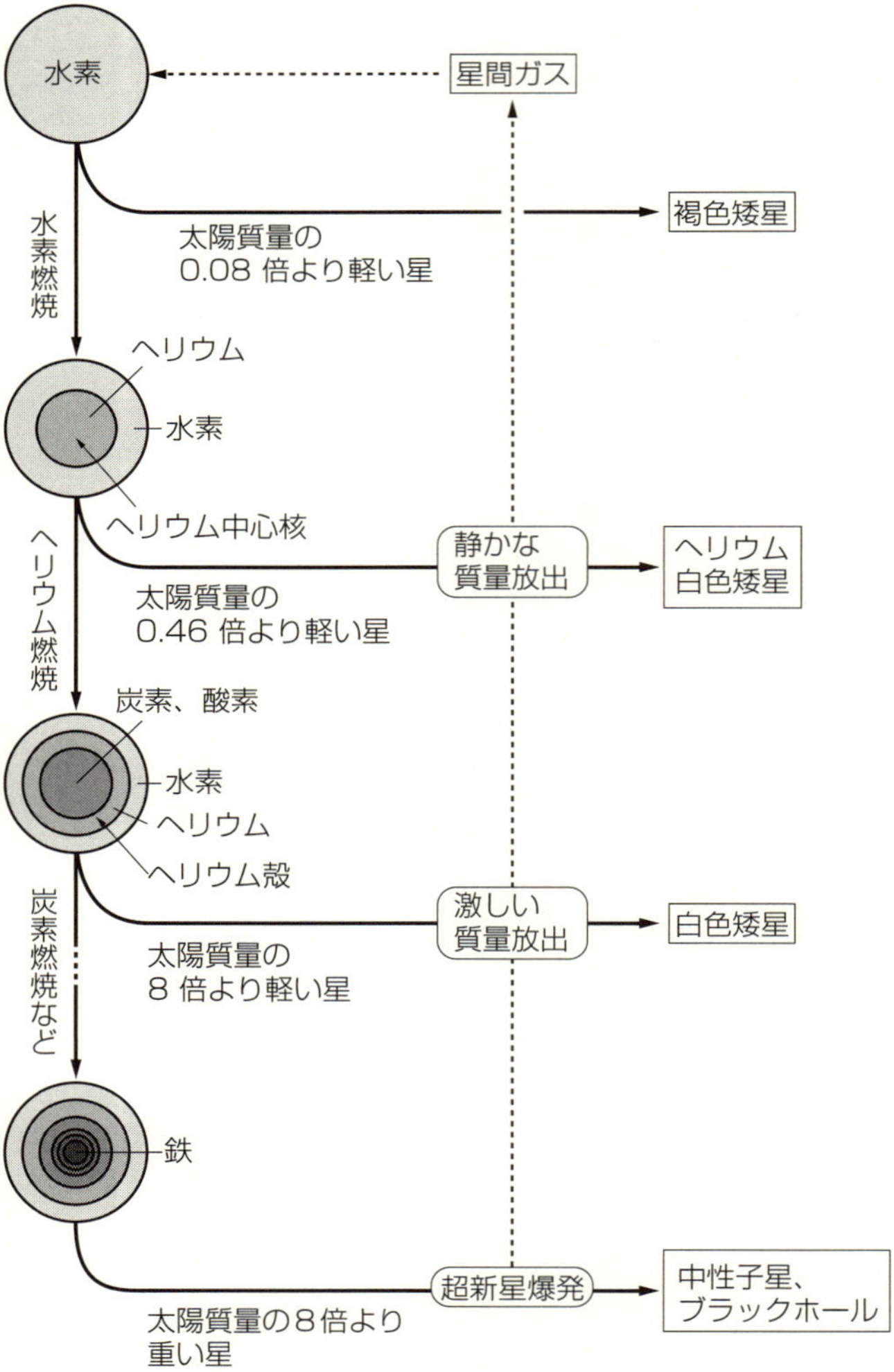
水素
星間ガス
水素燃焼
褐色矮星
太陽質量の
0.08 倍より軽い星
ヘリウム
水素
ヘリウム中心核
ヘリウム燃焼
静かな
質量放出
ヘリウム
白色矮星
太陽質量の
0.46 倍より軽い星
炭素、酸素
水素
ヘリウム
ヘリウム殻
炭素燃焼など
激しい
質量放出
白色矮星
太陽質量の
8 倍より軽い星
鉄
超新星爆発
中性子星、
ブラックホール
太陽質量の８倍より
重い星

図７-２　恒星の進化

る恒星は、質量が太陽の半分以下で長寿命の星ばかりになる。こうした恒星は「赤色矮星」と呼ばれ、ハーバード式分類ではM型に相当する（赤色矮星とそれ以外の主系列星との境界は明確ではなく、K型恒星の一部を含める場合もある）。

赤色矮星の大きな特色は、寿命がきわめて長いことである。質量の大きな恒星は、巨大な重力のせいで中心部が高温・高密度になり、核融合が起きる頻度が上がるため、短い期間で大量のエネルギーを放出して寿命を終える。これに対して、赤色矮星は、中心部の温度や密度が低く、核融合があまり活発でないため、光度や表面温度の低い暗く赤みを帯びた恒星となるが、主系列星でいられる期間は数百億年以上と長く、小さな赤色矮星では１兆年以上に及ぶと推定される。したがって、宇宙誕生以来、寿命を終えてヘリウム白色矮星となった赤色矮星は、いまだ存在しないはずである。

赤色矮星は、あまりに暗くかすかなため望遠鏡で捉えにくいが、銀河の恒星として最もありふれたものであり、太陽のようなＧ型恒星の10倍以上存在する。４・２光年の彼方にあり、太陽に最も近い恒星であるケンタウルス座プロキシマも、質量が太陽の12％しかないＭ型の赤色矮星である。太陽系近傍のサーベイに基づく見積もりによれば、太陽の10～50％の質量しか持たないこうした赤色矮星が、天の川銀河における主系列星のうち、個数で85％、質量で40％を占めると考えられる。

赤色矮星の質量には、太陽質量の8%という下限がある。これ以下になると、中心部の温度が充分に上がらないために水素燃焼が始まらず、「褐色矮星」と呼ばれる天体になる。褐色矮星は持続的な核融合で輝くことがないので恒星ではない（したがって、寿命はない）が、天体が形成されてからしばらくの間は、重力エネルギーの解放とわずかに起きる重水素の核融合によって熱を持ち、赤外線を放射する。

星雲から天体が形成される際には、質量の小さいものがかなりの割合で生まれるため、銀河内には相当数の褐色矮星が存在すると予想されるが、観測が難しいため不明な点が多い。最初に褐色矮星が観測されたのは、1995年になってからである。オリオン大星雲中心付近の星形成領域における赤外線観測によると、質量ごとの天体数は、太陽の8%以上の赤色矮星の領域までは、質量が小さいものほど多く存在するものの、それ以下の褐色矮星になると、急激に減少するという結果が得られた。ところが、すばる望遠鏡で別の星形成領域の観測を行ったところ、太陽質量の数%以上ある褐色矮星の方が、それよりやや重い赤色矮星よりも多いという結果が得られており、正確なところはわからない。

褐色矮星の周囲に惑星系が生まれることもあるが、中心星から光や熱が供給されないので、生命の誕生しない死の星に留まる。生命を生み出す力がないのならば、星間ガスに戻って新たな恒星の素材になってほしいものだが、核融合が不安定化して質量を放出したり超新星爆発を起こしたりする他の恒星と異なり、褐色矮星は、超長期にわたって宇宙空間を漂流し続け、新たな天体の素材としてリサイクルされることはない。

赤色矮星は生命をはぐくむか？

現在、数十億年前に形成された太陽と同程度の質量を持つ恒星が壮年期を迎え、元気に輝いているが、これらの天体は、何十億年か後に寿命を迎えて赤色巨星となり、やがて白色矮星となって死に至る。新たな恒星が渦巻銀河の渦状腕や矮小銀河で誕生しているものの、少子化傾向が続いており、恒星の数は減少していく。そうした中で、数多く作られ寿命の長い赤色矮星は、数百億年から1兆年以上にわたって輝き続ける。もし、赤色矮星の周囲に形成される惑星系に知的生命が誕生できるならば、これからの1兆年も、そう暗澹《あんたん》たるものではないだろう。しかし、それは可能なのだろうか？

こうした議論が難しいのは、われわれが、生命の存在する環境として、地球しか知らないことである。生物が棲息できることを、英語をそのまま用いて「ハビタブル」というが、地球は、もしかしたら、奇跡的なバランスによって実現された宇宙でも稀なハビタブル惑星なのかもしれないし、逆に、他の天体の知的生命が「よくあんな所に！」と驚くほど過酷な環境ということもあり得る。それでも、他にサンプルがないため、地球に似ているかどうかでハビタブルかどうかを判定するしかない。

赤色矮星がそもそもハビタブルな環境を提供し得るか、さらに、そうした環境下で高度な文明を持ち得る知的生命まで進化できるかどうか、知り得るデータをもとに考えていこう。

(1)惑星は安定した円に近い軌道を持つか——赤色矮星の周囲にも原始惑星系円盤が形成されることは確認されており、実際に惑星を持つ赤色矮星がいくつも見つかっている。こうした惑星がハビタブルであるためには、円に近い安定な軌道を持つことが必要である。赤色矮星は、太陽に比べると質量が小さいものの、周囲に形成される惑星よりは圧倒的に巨大な質量を持つので、連星系のように軌道が不安定にならず、円に近い軌道を持つ惑星が形成される確率はかなり高い。

(2)地球と同程度の大きさの岩石惑星が存在するか——ハビタブル惑星には、地球科学的な制限が付けられる。質量が地球より小さいと充分な大気を保持できず、大きすぎると不透明なガスに覆われて光を利用した進化が難しくなるので、質量は、地球と同じかせいぜい数倍程度までであることが望ましい。また、地磁気によって有害な放射線を防ぎ、炭素循環による気候の安定化を実現するために、プレートテクトニクスのある岩石惑星であることが要請される。
赤色矮星の化学組成を調べると、ヘリウムより重い元素（いわゆる金属）がかなり含まれており、さまざまな大きさの岩石惑星が形成される条件は備わっている。

(3)惑星上に液体の海は存在できるか――水素と酸素は宇宙空間ではありふれた元素であり、両者が結合して作る水分子も、原始惑星系円盤の内部で充分な量が生成されるはずである。スノーラインより遠方の領域では、高い割合で水を含む微惑星や主に氷でできた彗星が形成されやすいため、これらの小天体が飛来すれば、スノーラインの内側の惑星にも水が供給される（第5章）。ただし、恒星に近すぎると水が蒸発し、遠すぎると氷結するので、ハビタブルゾーンと呼ばれる帯状の範囲に入ることが必要である。

赤色矮星の場合、ハビタブルゾーンは長期にわたって位置を変えないため、少しずつ高温になりハビタブルゾーンが外側に移動していくG型恒星よりも、生命には好都合かもしれない（地球は、あと十数億年〔宇宙暦150億年頃〕でハビタブルゾーンからはずれて、灼熱地獄と化す）。

ここまでは、赤色矮星でも生命が発生できることを示唆するが、知的生命にまで進化する上で、以下の二つの点が障害となる。

(4)海と陸が併存するか――陸地の存在は、火山活動によって炭素の循環を可能にし、陸上生物に足場を提供するので、生物の進化にプラスとなる。しかし、東京工業大学と中国・清華大学の研究グループが行ったシミュレーションによれば、赤色矮星の場合、主系列段階に入る前の段階で光量が大きく変化する結果、地球のように陸と海が同じ程度に存在する惑星は生まれにくいらしい。

太陽と同じ質量の恒星1000個についてコンピュータ・シミュレーションを行ったところ、ハビタブルゾーンに入った全407個の惑星のうち、中心星の光量変化の影響で、45個は海が蒸発して砂漠惑星となり、91個は全球を水が覆う海洋惑星、271個は地球と同様に陸と海が併存する惑星となった。これに対して、中心星の質量が太陽の50%の場合は、ハビタブルゾーンに入った全292個のうち、砂漠惑星が220個、海洋惑星が60個、陸海併存惑星が12個だった。太陽の30%の質量を持つ赤色矮星1000個のシミュレーション結果では、ハビタブルゾーンの全55個の惑星のうち、砂漠惑星は23個、海洋惑星は31個、陸海併存惑星は1個だけである。

この結果を受け容れるならば、赤色矮星の惑星で文明を築けるほど進化した生命が現れる可能性は、太陽と似た恒星の惑星よりも遙かに低いかもしれない。

(5)恒星からの光量は適当か——赤色矮星は、放射エネルギーの総量が小さい上、赤外線の成分が多いため、地球上の植物のような酸素型光合成を行うには制限が多い。赤色矮星の惑星上で少なくとも地球の極地に生息する植物が必要とする程度の光量を得るには、恒星のかなり近く

（例えば、太陽系における水星軌道程度）を周回しなければならない。

しかし、軌道が小さいと、光量が得られる代わりに、気候が不安定になり、フレア（恒星表面における爆発）などによって発生する強い放射線を浴びる危険性が高まる。また、化学進化が促されるには、化学反応におけるエネルギー障壁を乗り越える必要があり、高温の熱源からのエネルギー流入が必要となる（第５章）。

赤色矮星は表面温度が低いため、太陽から地球上に降り注ぐ光に比べて、高いエネルギー障壁を乗り越えさせる短波長成分の割合が少なく、化学進化が進まない可能性もある。

宇宙における生命の終焉

赤色矮星の周囲に存在する惑星のうち、ハビタブルゾーンに入るものは、すでにいくつか見つかっている。現在の観測機器の性能では、惑星そのものを観測することは、不可能ではないものの、恒星の光がごく弱い場合などに制限される。通常は、公転する惑星からの重力で恒星をふらつかせたり、地球から見て恒星の前を横切ることで光量の変化をもたらしたりする効果が、間接的に捉えられるだけである。このため、恒星の近くを周回する比較的質量の大きな惑星が優先的に発見される。

太陽系以外の惑星で最初に発見されたのは、地球から51光年の彼方にある太陽に似たG型恒星ペガスス座51番星の周りを回るペガスス座51番星bである。木星の約半分の質量を持つ巨大ガス惑星であるにもかかわらず、公転半径が地球の20分の1しかなく、表面温度が1000℃に達すると見られる。このように、恒星のすぐそばで高温状態になった木星型のガス惑星は、ホットジュピターと呼ばれる。

ホットジュピターは、その重力で恒星をふらつかせ光の波長を変化させるので見つけやすく、太陽系外惑星としては、このタイプのものがまず発見されたが、生命が存在する可能性はないだろう。生命が期待されるのは、ハビタブルゾーンの中にある地球型の岩石惑星で、このタイプのものはなかなか見つからなかったが、2014年にNASAが打ち上げたケプラー宇宙望遠鏡による観測が始まって以来、続々と発見されるようになった。地球と良く似た惑星としては、ケプラー186fが知られている。

ケプラー186は、地球から492光年の距離にあり、質量が太陽の半分程度、表面温度が3800度の赤色矮星。ケプラー186fは、その周囲を130日の周期で回る惑星で、ハビタブルゾーンの中にあり、大きさが地球の1・1倍ほど。化学組成は不明だが、地球と同じような岩石惑星だと推定される。公転軌道は太陽系の水星に近いものの、ケプラー186の光度が太陽の4%しかないため、地表で受け取る放射エネルギーは地球の3分の1で火星と同程度である。液体の水が存在するかどうかは大気の組成により、充分な二酸化炭素があれば、温室効果によって氷点以上になり、海の存在も期待できる。

こうした太陽系外惑星に生命が存在するかどうか、天文学者たちは、近いうちに本格的な観測を始めるだろう。まず、惑星の大気成分を分析することが重要である。遊離酸素（酸素分子の形で飛び回るもの）はすぐに化学反応を起こして水や酸化ケイ素などの化合物になるため、光合成を行って遊離酸素を作り出す生物がいなければ、大気中には含まれない。したがって、大気中に遊離酸素が存在すれば、生命の証拠となるだろう。また、惑星表面のアルベド（反射率）が季節変化を示すかどうかを観測すれば、植生の可能性が調べられる。

このような方法で、地球型惑星の生命を探索する試みが続けられるだろう。もし、赤色矮星の惑星に生命の痕跡が見いだせれば、宇宙には、遠い未来にも生命が存在すると期待できる。

しかし、陸地が存在しにくい、光量が不足するなどの障害のせいで、赤色矮星が生命をはぐくむのは難しいかもしれない。あるいは、生命の発生は可能であっても、高度な文明を持ち得る知的生命にまで進化することは困難だとも考えられる。この見方が正しいとすると、数千億年後の宇宙には、ごくわずかの原始的な生命しか存在できないだろう。H・G・ウェルズが描いた「すさまじいわびしさ」を感じさせる世界が、宇宙的な規模で現実のものとなるのである。

第8章

第二の「暗黒時代」

——宇宙暦100兆年まで

宇宙の歴史を語るとき、過去に関しては、現在まで残されたさまざまな痕跡——その中には、晴れ上がりの時点で放出された宇宙背景放射のように、過去のある時点から伝播してきた電磁波が含まれる——を観測することによって、高い確実性をもって述べることができる。あまり遠くない未来についても、現在の観測データと正当性が認められた理論を組み合わせることで、充分に信頼できる予測が可能である。しかし、研究者が自信を持って語れるのは、せいぜい数百億年先までであり、それ以降に関しては、理論的な不定性がかなり残される。この不定性の元になっているのが、（第1章でも紹介した）「暗黒エネルギー」である。

本章では、暗黒エネルギーの違いによって、宇宙の運命がどのように変わるかを示した後、最もありそうな標準的モデルに基づいて、100兆年という遥かな未来を展望する。

加速膨張の発見

空間そのものが持つエネルギーである暗黒エネルギーが存在すれば、空間が加速的に膨張することは１９２０年代からわかっていたが、宇宙暦百数十億年という現時点で加速膨張が起きていると考える人は少なかった。観測データによって否定されたわけではない。膨張速度の変化が加速・減速のいずれかを決定できる観測データは、20世紀末まで見つからなかった。

加速膨張のアイデアが受け容れられなかったのは、むしろ、理論的な理由による。量子論の予想によれば、場は常に微細な振動をしているため、何もない空間でも振動のエネルギーを持つため、暗黒エネルギーが存在することになる。ところが、このエネルギーを実際に計算してみると、観測データとは全く一致しない途轍もなく巨大な値になってしまう。そこで、いまだ知られていない何らかのメカニズムによって、暗黒エネルギーはゼロに調整されていると考えられたのである（暗黒エネルギーがゼロの方がシンプルだと素朴に割り切っていた研究者も多い）。

膨張速度の変化が加速か減速かを示す観測データが得られなかったのは、遠方の天体までの距離を確定するのが困難だったからである。天の川銀河から見て他の銀河が遠ざかる後退速度は、放出される電磁波の波長の伸びを観測すれば、ドップラー効果の公式（正確に言えば、一般相対論による補正を施した式）をもとに、比較的容易に求められる。だが、遠方の天体までの距離を決定するのは難しい。

日常生活では、もともとの物体の大きさについての知識を手がかりにして、距離が推定できる。例えば、人が豆粒のように小さく見えれば、かなり距離が離れているとわかる。天体の場合も、もともとの明るさに相当する絶対等級がわかれば、見かけの等級から距離の推定が可能となる。

だが、実際に観測されるのは光度やスペクトルだけであり、絶対等級はわからない。セファイド変光星のように、変光周期と絶対等級の間に一定の関係がある天体が見つかれば距離を求められるが、きわめて遠方の銀河では、個々の天体の判別がつかないので、変光星などを使って距離を決定することができなかった。

20世紀末になって、きわめて遠方にある銀河までの距離を推定する方法がいくつか見いだされた。その一つが、超新星を利用する方法である。超新星はきわめて明るいので、遠方の銀河内部にある超新星を観測することができる。例えば、1997年にハッブル宇宙望遠鏡によって発見された26・8等という見かけの等級を持つ超新星は、約100億光年の彼方のものと推定される。これ以降、100億光年以遠の超新星が、続々と見つかる。

特に重要なのは、Ia型超新星と呼ばれる超新星である。これは、白色矮星に連星から物質が流入して起きる大爆発だが、流入した物質量がある臨界値に達したときに生じるため爆発パターンが一定となり、その見かけの等級から距離を推定できる。この方法を使って、遠方の銀河でもかなり正確に距離を求められるようになった。遠方に見える銀河の像はそれだけ昔の銀河の姿なので、超新星を使って求めた距離のデータと、電磁波の波長の伸びに基づく後退速度のデータをつきあわせれば、空間膨張のスピードが時間とともにどのように変化したかがわかる。

空間内部に放射や物質（通常物質・暗黒物質）しか存在しない場合は、これらのエネルギーによって生じる万有引力のために、空間膨張は減速される。ところが、超新星のデータをもとに求めた膨張速度の変化は、予想に反して、空間の膨張がしだいにスピードアップしているというものだった。詳しく調べると、この宇宙は、60億年ほど昔から加速膨張に転じたらしい。その後、銀河の分布の仕方や重力レンズ効果（巨大な天体の重力で光が曲げられることにより、観測される像が変わる効果）の現れ方をもとに推定した距離を用いても結論は変わらなかったため、空間が加速膨張していることは、かなり確実性が高い。

暗黒エネルギーと宇宙の運命

暗黒エネルギーとは、物質（暗黒物質を含む）も放射もない真空が持つエネルギーである。物質や放射があれば、エネルギーが存在することは直ちにわかる。しかし、物質も放射もなく空っぽに見える空間にも、エネルギーが存在する余地がある。このように、目に見えない形で空間に内在するエネルギーが暗黒エネルギーである。目に見えないものを暗黒と形容するのは、電荷を持たず光と相互作用しない物質を暗黒物質と呼んだのと同じである。

第1章では、ビッグバン以前の急激な膨張を引き起こした暗黒エネルギーの担い手としてインフラトン場を導入したが、そこでもコメントしたように、インフラトン場の性質に関しては、ほとんど何もわかっていない（そもそも、こうした場が存在するか疑っている物理学者も少なくない）。

宇宙論や素粒子論のような最先端物理学では、一般人の想像もつかない精緻な理論体系が構築されていると誤解する人もいるが、実は、精緻なのは特定分野に限られており、暗黒エネルギーや（インフラトン場を含む）スカラー場などのきわめて重要な問題に関しては、不明な点が多い。一見、整然たる理論に見えても、実は、よくわからないものを〝箒で掃き出して絨毯《じゅうたん》の下に隠してしまった〟だけなのである。

ビッグバン後の宇宙の振る舞いに関わる暗黒エネルギーとしては、二つのタイプが考案されている（暗黒エネルギーは存在しないという3番目の可能性もあるが、ここでは論じない）。一つは、時間とともに変化しないタイプで、この場合、暗黒エネルギーは宇宙定数と呼ばれる。もう一つの可能性は、時間とともに変化するタイプである。こうした暗黒エネルギーの担い手となるのが、（ビッグバン以前に膨張速度の急変をもたらしたインフラトン場の仲間とも言える）一種の場であり、その正体は全くわからないにもかかわらず、クインテッセンスという名前が付けられている。

暗黒エネルギーが宇宙定数とクインテッセンスのどちらであるかを決める目安として、専門家は便宜的に「w」というパラメータを使っている。wが-1に等しければ暗黒エネルギーは変化しない宇宙定数であり、そうでなければ変化するクインテッセンスである。wが-1より大きいか小さいかで、暗黒エネルギーが減るか増えるかが決まる。現在の観測データでは、wは10％程度の誤差で-1と一致しているが、-1よりわずかに小さい可能性（以下で述べるビッグリップが起きるケース）も示唆されており、結論は出ていない。２０１３年から、暗黒エネルギーサーベイと呼ばれる大がかりな研究プロジェクトが動き出しており、あと数年のうちに、もう少し確実なデータが得られるだろう。

暗黒エネルギーの値が変化する場合、未来の宇宙がどうなるか、いくつかの可能性が指摘される（図８－１）。

暗黒エネルギーが次第に増加していくと、どうなるのか？　暗黒エネルギーは一種の反重力として空間膨張を加速させる効果があるので、膨張のスピードがどんどんと速くなると考えられる。最終的には、空間を押し広げようとする反重力の効果が、銀河や星を一つにまとまらせている重力はもちろんのこと、物質同士を結びつける電磁気力や核力をも上回り、有限な時間のうちに、物質が全てバラバラになってしまう。このように、あらゆる物質がバラバラになる宇宙の終焉を、「ビッグリップ」という。現在の観測データと矛盾しない範囲で考えると、早ければ今か

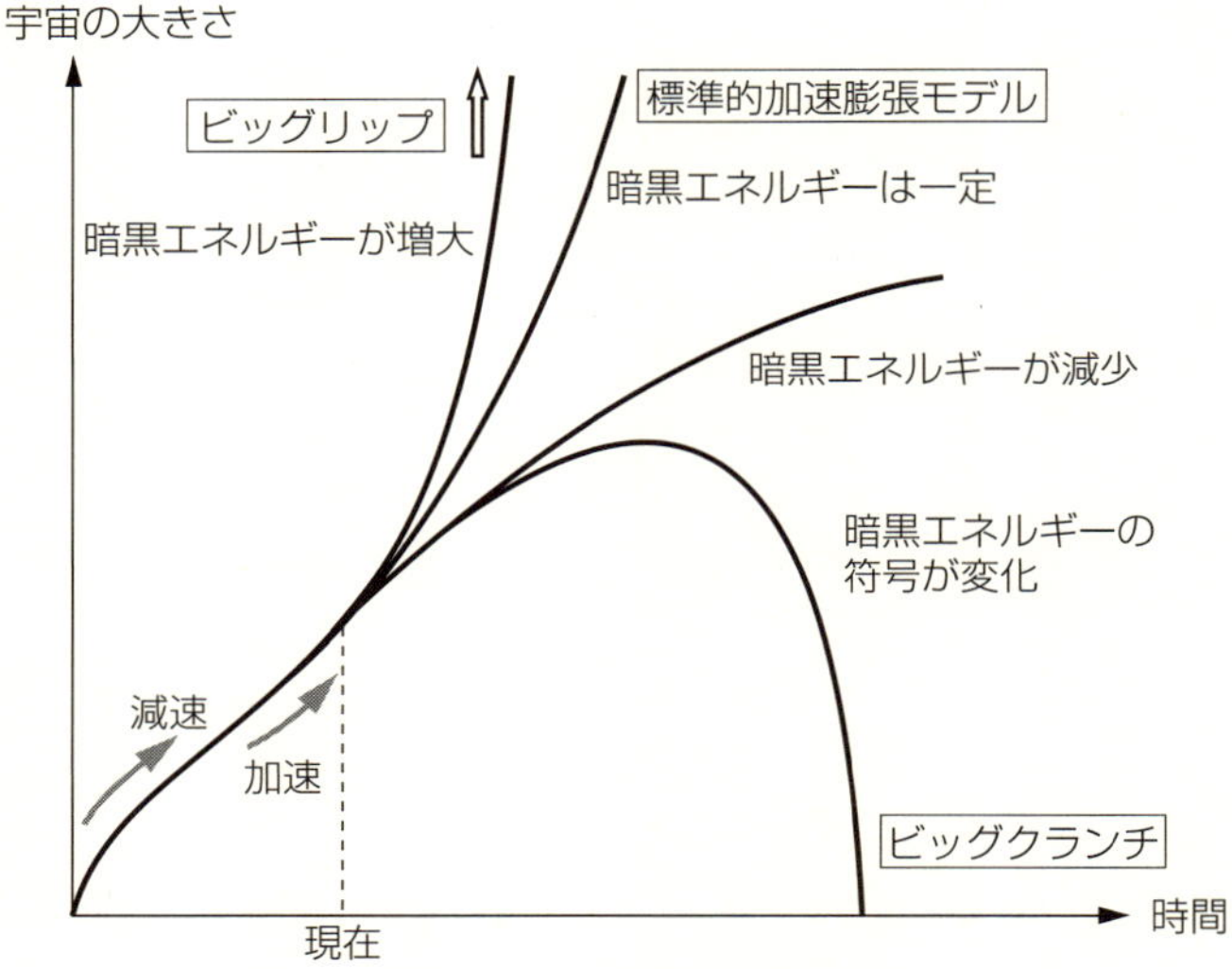

図8-1　宇宙の運命

ら1000億年後にビッグリップが起きる可能性も否定できない。

　ビッグリップのケースとは逆に、暗黒エネルギーが次第に減少する可能性もある。暗黒エネルギーの値がどんどん低下して物質の質量に起因する万有引力の効果を下回ると、宇宙空間の膨張速度が低下する減速膨張に転じる。暗黒エネルギーがマイナスに変わるケースでは、暗黒エネルギーが空間全体を加速的に収縮させようとする効果をもたらすため、空間の膨張に急ブレーキが掛かり、最終的には、宇宙空間全体が1点にまで収縮して消滅する。この消滅を、「ビッグクランチ」という。

　物理学者は、これ以外にも、宇宙の運命についてあれこれ考察している（超ひも理論を仮定すると、さらに、いくつかのヴァリエーションがあり得る）。

ビッグリップやビッグクランチが生じる可能性が全くないわけではないが、暗黒エネルギーが変化することを示唆する観測データは、今のところない。一般相対論の基礎方程式であるアインシュタイン方程式と、暗黒エネルギーが変化する可能性を含む状態方程式を連立させると、さまざまな宇宙の運命が単純な計算結果として導かれるので、物理学者たちが面白がっていろいろなモデルを提案しているが、暗黒エネルギーについてのデータがほとんどない状態で計算をしているだけなので、宇宙のモデルを真剣に構築しようとする試みと言うよりは、学者のお遊びに近い。

本書では、これらの可能性については、取りあえず議論の外に置くことにして、暗黒エネルギーが宇宙定数という一定値のまま空間が加速膨張を続けるという標準的な加速膨張モデルを前提として、話を進めたい。

孤立する銀河

標準的な加速膨張が未来永劫にわたって続くと仮定したとき、銀河分布がどのように変化していくかを調べると、今から１０００億年ほどのうちに、どの銀河から見ても、周囲には自分以外何もない宇宙になるという、何とも寂しい予測が得られる。

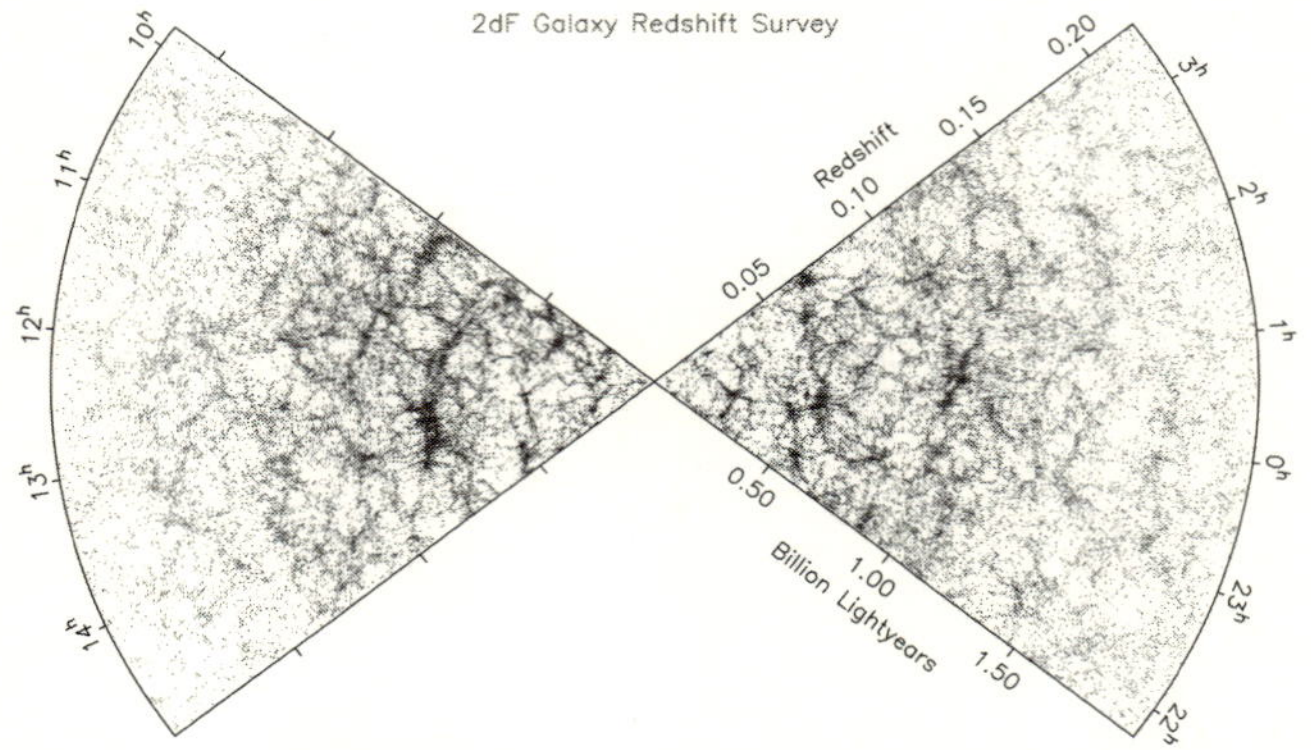

図8-2　宇宙の大規模構造（出典：the 2dF Galaxy Redshift Survey team（www.2dfgrs.net））

現在の宇宙では、銀河が階層的な構造を形作っているが、こうした構造は、（第4章で説明したように）ビッグバン直後に生じた暗黒物質の揺らぎが種となって形成されたものである。周囲より密度の高い領域に物質が集まることによって、まず暗黒物質がフィラメント状に集まり、そこに通常の物質が引き寄せられて、天体や銀河を形成した。

このため、銀河も宇宙空間全域にわたって一様に分布するのではなく、フィラメント状の連なりが存在する一方で、銀河がほとんどないボイド（空洞）と呼ばれる領域も存在する。こうした大規模構造は、観測可能な範囲全域にわたって見られる（図8－2に示すのは、2dF銀河赤方偏移サーベイという観測で得られた銀河のマッピングである）。

大規模構造を子細に観察すると、銀河は、銀河団と呼ばれる部分的な集団を形作っていることがわかる。

銀河団（小規模なものは銀河群と呼ばれる）は、数十〜数千個の銀河が数百万光年から数千万光年の範囲にわたって集まったものである。天の川銀河やアンドロメダ銀河が属するのは、（第６章で述べたように）局所銀河群と呼ばれる小規模な銀河集団だが、宇宙には、もっと巨大な銀河団が１万個以上も見つかっている。局所銀河群に最も近い銀河団は、６０００万光年彼方にあるおとめ座銀河団で、巨大な楕円銀河Ｍ87をはじめ、２０００個ほどの銀河が含まれる。

差し渡しが１億光年以上になる銀河団は、超銀河団と呼ばれる。われわれの局所銀河群は、おとめ座銀河団とともに、２億光年ほどの範囲に１００個ほどの銀河団・銀河群が集まったおとめ座超銀河団（局所超銀河団とも呼ばれる）のメンバーである。おとめ座超銀河団を含むラニアケア超銀河団が存在するという説も浮上している。

銀河の集団が形作るこうした構造が、遠い未来にはどのように変化していくのだろうか？　この問題は、宇宙の運命自体が未確定なので確実な結論は出せないが、暗黒エネルギーを一定とする標準的な加速膨張モデルを採用するならば、コンピュータ・シミュレーションによって、かなりはっきりした答えが導かれる。

こうしたシミュレーションはいくつかあるが、ここでは、２００２年にハーバード＝スミソニアン天体物理学センターの研究者が行ったシミュレーションを紹介しておこう。それによると、今から３００億年ほど経過した段階で、加速膨張によって銀河間の距離がきわめて大きくなるため、重力で互いに引き合う効果が弱まって大規模構造の形状がほとんど変化しなくなる。こうして、フィラメントやボイドがほぼ相似形を保ったまま、空間全体が加速されながら膨張していく。

局所銀河群のような小さな銀河団（銀河群）に属する銀河は、互いに合体して、最終的には一つの巨大な楕円銀河に成長する。数十億年後に起きる天の川銀河とアンドロメダ銀河の合体は、そのワンステップである。

しかし、局所銀河群とおとめ座銀河団のような、ある程度以上離れた銀河団同士が合体することはない。局所銀河群から見て、他の銀河団が遠ざかる速度はしだいに加速され、ある時点で光速を超えて、もはや光すらやって来ない〝地平線の彼方〟に去ってしまう。840億年後には、地平線の手前に残っている銀河団はおとめ座銀河団だけとなり、それも880億年後には地平線の彼方に去って、決して見ることができなくなる。こうして、アンドロメダ銀河と天の川銀河が合体して誕生した巨大な楕円銀河以外には、観測可能な宇宙空間にほとんど何もないという空虚な宇宙が実現される。

前章で述べたように、宇宙暦1000億年程度の時点では、太陽のようなG型ないしF型恒星の大半は燃え尽きているが、M型の赤色矮星の多くはまだ核融合を持続しており、主に赤外線を放射し続けている。こうした弱々しい光では、文明を築けるような知的生命が誕生するかどうかおぼつかないが、それでも、宇宙のどこかでは、天体同士の合体のような稀な出来事がきっかけとなって明るく輝く星が形成され、その周囲で高い知性を持つ知的生命が誕生し、科学文明を築くかもしれない。

そこで天体観測を行う天文学者は、宇宙の不思議な姿に困惑するだろう。限りなく拡がる空間には物質がほとんどなく、そこに孤立した天体集団としての銀河がポツリと漂っている。かくも荒涼たる世界を前に、かの地の天文学者は何を思うのだろうか。20世紀初頭には、無限の虚空にただ一つの天体集団である銀河系が存在するという宇宙モデルが提案されたが、それと同様の宇宙論を展開するかもしれない。ハッブル・ディープ・フィールド（第6章図6－1）のように多くの銀河が蝟集《いしゅう》する光景は、もはや夢まぼろしでしかない。

宇宙の歴史が消える

われわれは、歴史は確実に存在したと信じる。その理由は、過去に何が起きたかを示す痕跡が、至る所に残されているからである。その中には、ニューロンのシナプス結合という形で残された記憶痕跡もある。しかし、こうした痕跡は、永遠ではない。哲学者は、過去の痕跡が全て失われたとき、歴史の実在性を立証できるか懐疑的である。現在の地球上でこうした問題に直面することはないが、1兆年先には、宇宙の始まりに関して、この問題が現実的になる。宇宙暦数千億年から1兆年の間に、宇宙がビッグバンから始まったことを示す痕跡が、全て失われてしまうからである。

始まりの瞬間がビッグバンと呼ばれる高温状態であり、それ以来、宇宙空間が膨張を続けていることを示す証拠は、主に、次の三つである。

(1)「他の銀河が、距離にほぼ比例する後退速度で天の川銀河から遠ざかる」というハッブルの法則が成り立つ（第1章）。
(2)宇宙に存在する元素の割合（重量比）は、水素が全体の4分の3、残りの大半をヘリウムが占めるが、この値は、ビッグバンの高温状態で核融合が起きたと仮定したときの理論値に一致する（第2章）。遠方の水素ガス雲に含まれる重水素の存在比も、理論とほぼ一致しており、ビッグバン理論の傍証となる。
(3)ビッグバンの余熱が宇宙暦38万年に発せられた熱放射という形で残っており、絶対温度2・73度の宇宙背景放射として観測される（第3章）。

これらのデータによって、現在の宇宙がビッグバンから始まったことは確実視されている。しかし、宇宙暦1兆年にもなると、ビッグバンがあったことを示す証拠は、もはや何もなくなる。

まず、宇宙暦1000億年頃になると、「他の銀河」が存在しなくなる。観測可能な範囲には、小規模銀河団に属していた複数の銀河が合体した巨大な楕円銀河がただ一つ存在するだけである。このため、他の銀河がハッブルの法則に従って遠ざかるという空間膨張の直接的証拠を得ることは、もはや不可能となる。

元素の存在比はどうか？　現在の宇宙に存在するヘリウムの大部分は、ビッグバン直後の数分間に起きた核融合で生成された。恒星内部の核融合によって作られたヘリウムは、数％しかない。しかし、今後、恒星内部で作られ質量放出や超新星爆発によって宇宙空間に放出されるヘリウムが、増加の一途をたどる。1兆年後には、宇宙におけるヘリウムの存在比は60％に達し、現在は2％程度しかないヘリウムより重い元素も、20％ほどになる。重水素の存在比を理論と比較しようにも、銀河内部の重水素は恒星に取り込まれて核融合の燃料となってしまい、ビッグバンの頃とは存在比が大幅に異なる。現在は、遠方の銀河を観測することで何十億年も前の重水素のデータを得ることができるが、そうした銀河は、1兆年後には全て地平線の彼方に去っているので、それも叶わない。

宇宙背景放射の観測も困難になる。宇宙空間が膨張するにつれて、光の波長は引き伸ばされ、エネルギー密度は低下していく。1000億年後には、放射強度は現在の1兆分の1に弱まっており、どんなに高度な観測機器を用いても、まず検出できないだろう。また、たとえ検出可能な機器が開発されたとしても、空間の膨張とともに背景放射の波長も引き伸ばされ、最も強い背景放射の帯域は、ペンジアスとウィルソンが観測したセンチメートル波ではなく、波長10メートル以上の電波になっている。こうした電波は、宇宙空間に漂う星間ガスによって遮られ、地上に到達することはない。

このように、1兆年も経つと、観測可能なビッグバンの痕跡は、全てなくなってしまう。ビッグバンで始まったという宇宙の歴史が失われたのである。

しかし、こうした状況は、現在の人類にも当てはまる。われわれは、天文学的な観測によって宇宙がビッグバンから始まったことを知ることができたが、(第1章で述べたような)それ以前のマザーユニバースに関する情報は、ビッグバンの際に大半が失われており、マザーユニバースがどのようにして始まったか、あるいは、そもそもマザーユニバースなど存在したのかを確認することは、きわめて難しい。宇宙の歴史は、すでに一度失われている。それと同じことが、遠い未来にも起きるのである。

暗黒時代再び

宇宙暦1兆年を超えるような未来には、宇宙の姿はきわめて寂しいものとなる。宇宙空間の加速膨張によって、周辺の銀河団は、全て地平線の彼方に消え去ってしまう。現在、都市の光がなく空気の澄んだ地域では、肉眼で大小のマゼラン雲やアンドロメダ銀河が見えるが、こうした近隣の銀河は、全て合体して巨大な楕円銀河と化してしまった。楕円銀河では新しい星がほとんど誕生せず、かつて輝いていた星も、すでに核燃料を消費し尽くして、大部分は白色矮星に、一部は中性子星かブラックホールになった。

赤色矮星のうち、小型のものはまだ内部で核融合を続けており、わずかでも核融合を行うものを「生きている」と呼ぶなら、数兆年から10兆年以上も生き延びるものがある。しかし、そのような小型の星が放射するのは主に赤外線で、可視光線は微弱である。核融合が始まらず恒星になれなかった褐色矮星は、そのまま残っているが、昔も今も暗いままである。もはや明るく輝く星は存在せず、銀河は、その名にふさわしくない暗黒の天体集団となっている。

稀に輝きが生じることもある。木星型の巨大ガス惑星が赤色矮星に飲み込まれたときには、水素が供給されることで一時的に核融合が活発化し、明るく輝くだろう。赤色矮星や燃え尽きた恒星同士が衝突することもある。球状星団のようなかなり密集した星の集団では、星同士がニアミスを起こし、場合によっては、一方の星が運動エネルギーを獲得して星団の外部に飛び出す。天文学者は、こうした過程を、（液体の分子が運動エネルギーを得て飛び出す過程になぞらえて）星の〝蒸発〟と呼ぶ。

星団から星が蒸発していくと、残された星は運動エネルギーを失うので、より密集した状態になり、その結果として、今度はニアミスでは済まず、星同士がまともにぶつかるケースも出てくる。二つの星だけを考えると、ケプラーの法則に従って重心の周りで双曲線を描くだけだが、密集した天体集団内部での運動は不規則で、近づいた星同士の重力で引き合って衝突するからである（現在観測される球状星団でも、中心部の密集領域では、かつて天体同士の衝突があった痕跡が見られる）。

その場でぶつからないまでも、いったん連星系を形作った後に合体することがある。白色矮星同士が連星系を構成する場合は、しだいに運動エネルギーを失って螺旋軌道を描きながら接近し、最終的には合体するが、その瞬間に巨大な爆発が起きる。中性子星同士、あるいは、中性子星とブラックホールが合体するときには、さらに激しい爆発となって、大量のガンマ線が放出される。

燃え尽きた星同士の合体は、今後、何十兆年もの間にわたって散発的に生じ、闇夜の稲妻のような輝きとなって銀河を照らすだろう。しかし、こうした輝きがずっと継続することはなく、短い期間で暗闇に戻る。例外は、連星系を形作っていた褐色矮星同士が合体し、消費されずに内部に残されていた水素ガスが核融合を開始するケースで、暗闇の中に突如として新たな恒星（と言っても、質量が小さいので赤色矮星に留まる）が誕生する。

こうした宇宙に生命は生き残っているのだろうか？　赤色矮星の光度が太陽より遙かに小さい（例えば1000分の1以下の）場合でも、すぐ近くを周回する惑星では、現在の地球と同レベルの放射エネルギーを受け取れるので、液体の水が存在することも可能である。しかし、恒星に近いためにフレアによる放射線を浴びやすい上に、恒星表面の温度が低く個々の光子（電磁波の素粒子）が持つエネルギーが小さいので、エネルギー障壁を超えることで引き起こされる光化学反応は限定される。このため、複雑な生命活動を維持できるか疑わしい。

生命の足場となる惑星も、だんだんと減っていく。これから誕生する惑星系では、ヘリウムより重い元素の割合が多くなっているため、岩石惑星の平均的な個数は現在の惑星系よりも増えると予想される。しかし、こうした惑星も、１兆年を超える長い時間を経るうちに、しだいに失われていく。太陽の半分以上の質量を持つ恒星の場合、周囲の惑星は、数百億年以下の早い段階で、赤色巨星となった中心星に飲み込まれたり、質量放出や超新星爆発によって吹き飛ばされたりする。赤色矮星では、かなりの長期間（うまくいけば、赤色矮星が核燃料を消費し尽くしヘリウム白色矮星になった後の何十兆年か）にわたって、惑星が周回し続けることもある。

しかし、それも永遠ではない。中心星から遠い軌道を回る惑星は、天体同士の相互作用で惑星系から弾き出されて〝蒸発〟し、宇宙空間を漂流するようになる。より小さな軌道の惑星は、中心星に落ち込むことが多い。稀ではあるが、惑星同士が衝突することもある。われわれの太陽系で惑星衝突が起きるとは想像しにくいが、それでも、ある計算によれば、今後50億年以内に水星と金星が衝突する確率が１％程度あるという。

宇宙に存在する生命は現在よりも遥かに少なく、（複数の天体が合体するなどして）奇跡的に生命に好適な環境が生じるケース以外では、わずかに原始的な生物が生き延びるだけだと考えられる。

宇宙暦100兆年頃には、最後まで弱々しく輝いていた小型の赤色矮星も静かな最期を迎え、光を失っている。ほとんど光がないことから、宇宙は、第二の〝暗黒時代〟に突入したとも言える。宇宙初期にも、ビッグバン直後の輝きが失せて、まだ恒星も誕生しないという暗黒時代があった。しかし、今回の暗黒時代は、時間が経てば光が灯るというものではない。この後、半永久的に続く、希望のない暗闇である。

第９章

怪物と漂流者の宇宙

——宇宙暦1垓《がい》(10^{20})年まで

ここまでの宇宙史において、銀河は長らく主役を務めてきた。宇宙暦１００兆年を過ぎると、褐色矮星の合体などで新たに誕生したごく少数の恒星を除いて核融合はもはや行われず、暗く冷たい星ばかりの天体集団となって、かつての輝きは失われてしまう。それでも、銀河は、多くの星々が相互に重力で結びつけられて運動する巨大な力学的システムであり続けた。しかし、銀河といえども永遠不滅ではない。いつか、このシステムが崩壊する日が訪れる。

宇宙の歴史は、凝集と拡散という二つのキーワードでまとめることができるが、銀河の崩壊に関しても同様である。銀河を構成する天体は、周辺から少しずつ〝蒸発〟して、広大な宇宙空間を漂流するようになる。残された天体は、しだいに中心部へと凝集し、そこに存在するブラックホールに飲み込まれていく。こうして、天体集団としての銀河は終わりの時を迎え、巨大なブラックホールと、バラバラに散らばった漂流天体へと解体される。

本章では、銀河の崩壊において重要な役割を果たすブラックホールについて、基礎的な性質や成因を含めて見ていくことにする。

ブラックホールとは何か？

ブラックホールという名前は、学術用語でありながら人口に膾炙《かいしゃ》している。「巨大な重力のせいで光すら脱出できない」といった基本的な性質を知る人も、少なくないだろう。

ただし、天文学者が思い描くブラックホール像は、ここ数十年の間に大幅に変化した。宇宙空間のどこかに潜み、うっかり近づいた哀れな宇宙船を引きずり込むアリ地獄のようにイメージする読者がいるかもしれないが、こうした見方は、もはや過去のものである。現在では、その周囲に輝く円盤をまとい、星間物質を攪拌する巨大なエンジンというダイナミックなイメージで捉えられている。

まず、ブラックホールとは何かについて、簡単に説明しておこう。その際、相対論から導かれる次の二つの物理法則を知っていると、理解しやすい。一つは、自然界の最高速度が光速だという法則で、物体をどんなに加速しても、光速を超えることはできない。もう一つは、遠心力のような慣性力が加わっている座標系では、同じ大きさの重力が存在する場合と等価な物理現象が起

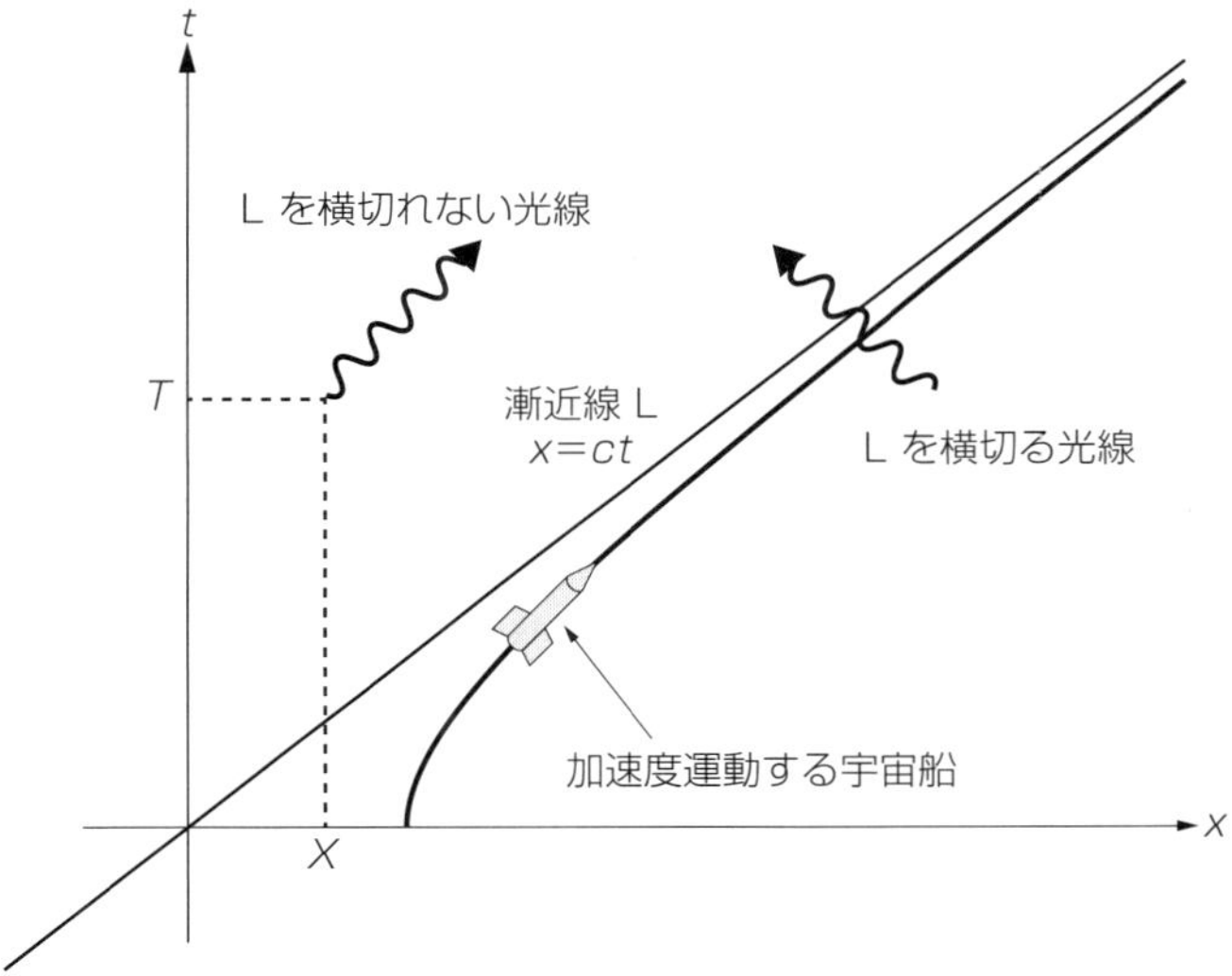

図9-1　加速度運動する宇宙船

きるという法則で、「等価原理」と呼ばれる（等価原理により、窓を閉めた宇宙船が宇宙空間内を加速度1Gで加速している場合、宇宙船の乗客にとっては、地表と同じ重力が船内に働いているのと区別できない）。

無重力の宇宙空間において、宇宙船が一定の加速度（正確に言うと、相対論的な意味での加速度で、ニュートン力学の加速度とは異なる）で運動する場合を考える。ニュートン力学が成り立つならば、等加速度運動によって速度はどこまでも増大するはずだが、光速が自然界の最高速度になる相対論の世界では、宇宙船が光速に近づくにつれて速度が伸び悩む。このため、図9－1のように、時間座標tと空間座標xを用いたグラフで運動を表すと、宇宙船の軌跡は、ある光線Lに漸近《ぜんきん》する。

この漸近線Lは、何か特別な物理的状態にある領域を表すわけではない。図の右側から左側に進む光は、何事もなく漸近線Lを横切ることができる。しかし、左側から右側に向かう光は、Lに沿って進む光と同じ速度なので、漸近線Lを超えることはできない。このため、宇宙船から見ると、Lの彼方の領域から光はやってこない。光は自然界における最高速度なので、Lは、その向こう側の情報が決して得られない「情報の地平線」となる。例えば、図の時刻T、位置Xで起きる出来事からの光は、Lの左側を進むだけなので、宇宙船のパイロットは、この出来事について決して知ることができない。

宇宙船の速度がゼロだったときに、全天にわたって一様に恒星が分布して輝いていたとしよう。宇宙船が光速に近づいていくと、光はほとんど前方のみから来るため、星々は前に集中し、後方からの光はほとんど到達しなくなって黒い穴のように見える。

宇宙船が加速されるとき、その船内には、自動車が走り始めるときと同じように、全ての物体を後方に押さえつけるような慣性力が作用する。加速度が一定であるという条件から、この慣性力は時間とともに変化しない。等価原理によれば、この状態は、一定の重力が作用する場合と等価であり、船内のパイロットからすると、空間全域に重力が作用しているように感じられる。情報の地平線となる漸近線Lは、宇宙船の後方に、その彼方からは光がやって来ない黒い穴として姿を現す。

等価原理は、慣性力と重力が実質的に等価であることを意味するので、加速度運動に伴う慣性力ではなく、天体からの重力が実際に加わっているときにも、地平線が現れるはずである。加速度運動する宇宙船の場合、情報の地平線は、その彼方の情報を受け取れないパイロットにとっての地平線だったが、天体の重力による地平線は、その彼方の情報が物理的に伝達されないリアルな限界領域である。このため、情報の地平線と区別して、「事象の地平線」と呼ばれる。

通常の天体の周囲に存在する程度の重力では、事象の地平線は現れない。地球表面の重力と同程度ならば、この強さの重力が何光年にもわたって作用するのでない限り、地平線が形成されないからである。しかし、重力が異常に強ければ、その範囲がかなり狭くても、地平線ができることがある。例えば、何らかの方法で星を極限的に圧縮できたとしよう。星の表面付近の重力は半径の２乗に反比例するので、星が充分に小さくなっていれば、表面付近での重力はきわめて強く、事象の地平線が天体の外側に形成される。天体を球状に圧縮したとすると、どの方向から見ても地平線が存在するので、この地平線は、天体の周囲をぐるりと取り囲んだ面になる。このため、「事象の地平面」と言われることもある（英語では、線と面の区別なくhorizonである）。

ある天体の周囲に、事象の地平面が形成されたとしよう。この面の性質は、加速度運動する宇宙船にとっての情報の地平線Lと同じである。すなわち、光や物体が外側から内側に向かう場合

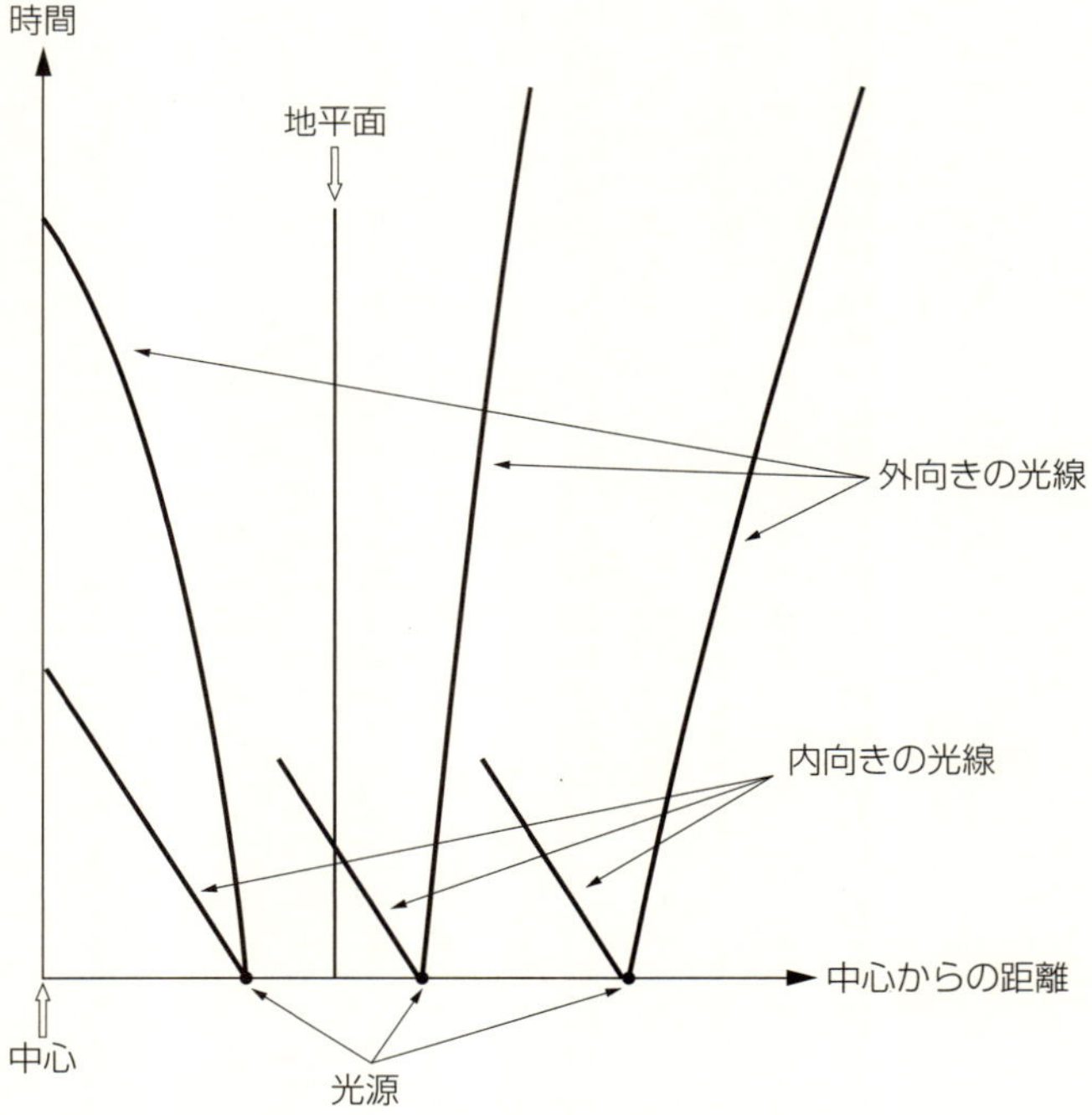

図9-2　地平面付近の光線

には、何の抵抗もなくスムーズに進める。しかし、内側から外側に向かうときには、この面には決して到達できない。光ですら、地平面の外側には出られないのである。

地平面近くの光源から内向きと外向きに放出された光が、それぞれどのように進むのかを、図９－２に示しておく。内向きに放出された光は、同じように中心に向かって進むが、外向きの光は、放出される場所によって進み方が大きく異なる。地平面のすぐ外から放出された場合、なかなか遠ざかって行かず、光速が極端に遅くなったように見える。地平面の内側になると、外に向けて光を発射しても、重力の影響で内向きに進んでしまう。地平面の内側に落ち込んだ人が、手に持った光源を外側に向けると、光は外に向かって進むように見えるが、実は、中心に向かって落ち込む自分よりもゆっくりしたスピードで内向きに伝播しているのである。

光ですら、外向きには進めない。したがって、光よりも遅い速度で運動するあらゆる物体は、地平面の内側では、どのようにあがいても中心に引き寄せられることになる。こうして、有限時間のうちに、地平面の内側にある中心に到達する。一般相対論に基づいて計算すると、この中心では空間に穴が開いており、全ては穴に飲み込まれて世界から消滅することになる。ただし、多くの物理学者は、中心付近では一般相対論が成り立っておらず、現在の理論からは予想できない現象が起きると考えている。

ブラックホールとは、天体の周囲を取り囲むように事象の地平面が形成された天体を指す。ひとたび地平面の内側に飲み込まれると、光であろうと物質であろうと、地平面の外に出ることは決してできない。

大質量星の最期

どんな物質であろうと、充分に圧縮すればブラックホールになる。太陽も、半径3キロメートル（現在の大きさの23万分の1）まで小さくすることができれば、事象の地平面が形成されてブラックホールとなる。しかし、たとえ超新星爆発の衝撃波であっても、ここまで圧縮するのは無理である。現実に可能なのは、巨大な質量を持つ天体が、自分自身の重さを支えきれなくなって潰れるケースに限られる。このため、宇宙に現存するブラックホールは、ほぼ全てが巨大な質量を持つ（宇宙の初期に、小さなブラックホールができた可能性はある）。

ブラックホールは、大きく2種類に分類される。太陽の数百万倍から100億倍以上の質量を持つ超巨大ブラックホールと、数倍から数十倍程度の質量しかない恒星サイズのブラックホールである（地平面の半径は質量にほぼ比例するので、太陽の場合の半径3キロメートルを基準にすれば、簡単に概算できる）。前者はかなり早い時期から銀河の中心領域に存在し、銀河の進化を左右してきた。後者は、太陽の約30倍以上の質量を持つ恒星が寿命を終えた後に、超新星爆発を経て誕生する。まず、後者の恒星サイズブラックホールについて見ることにしよう。

ブラックホールが実在する可能性が最初に指摘されたのは、1932年のことである。このとき、白色矮星のように内部でエネルギーが生成されないガス天体の安定性を調べていたスブラマニヤン・チャンドラセカールは、天体の質量がある値（チャンドラセカール限界）以上になると、何らかの作用で少し収縮したときに（天体を再膨張させる）圧力よりも（さらに収縮しようとする）重力の増え方の方が大きくなり、ひとたび潰れ始めると際限なく収縮する、いわゆる「重力崩壊」を起こすことを見いだした。

これに対して、チャンドラセカールの指導教官だったエディントンは、収縮を止める何らかの抵抗があるはずだと批判した。実際、白色矮星の場合は、重力で収縮していく途中のある段階で、白色矮星を構成する陽子が周りの電子を取り込み（電子捕獲）、中性子に変わる。中性子ばかりから成る天体では、量子力学の効果によって「縮退圧《しゅくたいあつ》」という圧力が生まれ、収縮させようとする重力に抗して天体を支えることになる。こうしてできるのが中性子星である。

しかし、１９３９年、ロバート・オッペンハイマーらによる一連の研究によって、中性子星も、ある限界（オッペンハイマー＝ヴォルコフ限界）以上の質量で不安定化することが示される。さらに、オッペンハイマーは、一般相対論の式を適用することにより、中性子星が自重で収縮し始めると、途中で事象の地平面が形成されることを見いだした。地平面の内側では空間が大きくゆがみ、どんな物質でも内向きにしか動けないため、いかなる抵抗をもってしても収縮を止めることができない。

オッペンハイマーの研究に対しては、ジョン・ホイーラーが、地平面が形成される前に爆発が起き物質を吹き飛ばすはずだと批判した。この批判の通り、超新星爆発が起きて天体の外層が吹き飛ばされるが、1960年代以降に行われた詳細な計算によって、残された中心核の質量が限界値を超えるケースがあり、この部分が収縮し続けてブラックホールになることが判明した。

現在では、大質量星の最期がどうなるか、かなりはっきりわかっている。主系列星として輝いていた恒星の核燃料が不足し始めると、圧力と重力のバランスが崩れてくる。質量が太陽の8倍以下の場合は、水素燃焼の次の段階であるヘリウム燃焼の際に不安定になり、赤色巨星となった後に質量を放出して、白色矮星となる。しかし、大質量星では、核融合が鉄燃焼段階まで進んだ後に自重を支えきれなくなり、急激に内部へと崩れ始める。このとき、物質が内部に落ち込むエネルギーによって超新星爆発が起き、ものの数分で外層部が吹き飛ばされ、光速の数パーセントに達する超高速流となって四散する。

残された中心核がどうなるかは、爆発前の質量に依存する。元の天体が太陽の40倍以上の質量を持つ場合、超新星爆発で吹き飛ばされずに残った中心核は、そのままブラックホールになる。二十数倍~30倍以上(爆発の仕方に不定性があるため、数値が確定しない)ならば、いったん吹き飛ばされたガスが中心核の重力で引き戻されて堆積《たいせき》し、その質量が加わることでブラックホールが形成される。これより小さい天体では、残った中心核の質量がオッペンハイマー=ヴォルコフ限界(現在の計算では、太陽質量の3倍程度)に達せず、中性子星に留まる。

質量が大きければ、常にブラックホールになる——というわけでもない。70～１４０倍では、爆発の仕方が不安定になって小さな爆発を繰り返し、ブラックホールができないこともある。また、１４０～２６０倍では、通常の超新星爆発よりも遥かに巨大な爆発が起き、星全体が爆散して何も残らない。理論的には、２６０倍以上で再びブラックホールが形成されるようになるが、質量があまりに大きいと、放射圧と重力のバランスが取れずに不安定になり、部分的に質量を放出して小さくなるので、質量が太陽の１００倍以上になる星は、あるとしてもごくわずかである（こうした超大質量星については、候補がいくつか見つかっているが、観測データの解釈が確定しておらず、完全には解明されていない）。

なお、大質量星が核燃料を使い果たした後に起きる爆発がII型超新星と呼ばれるのに対して、これとは異なる過程をたどって爆発するI型超新星もある。I型超新星にはいくつかのタイプがあるが、爆発のプロセスがはっきりしているのが、（第8章でも紹介した）Ｉａ型超新星である。

太陽などの中小質量の恒星は、核燃料を使い果たした後に白色矮星となって主系列星としての寿命を終えるが、この白色矮星が別の恒星と連星系を構成していると、超新星爆発に至ることがある。二つの恒星から成る連星系では、まず、質量の大きい主星が赤色巨星になった後に白色矮星となる。その後、伴星が赤色巨星になったとき、二つの星の外層が接触して、質量の大きい主星の方に質量が流れ込み、その影響で核融合が再開される。主星の質量が一定の臨界値に達すると核融合が不安定化して核暴走状態となり、超新星爆発を起こす。こうしてできるのがIa型超新星である。ただし、元の恒星の質量が小さいため、この爆発では、ブラックホールは形成されない。

連星系からブラックホールが形成されるのは、二つとも大質量星の場合である。二つの恒星がともに中性子星（あるいは、一方ないし両方がブラックホール）の場合、重心の周りで激しく回転することによって重力波（時空のゆがみが波となって伝わるもの）が放出されるため、二つの天体はエネルギーを失い螺旋軌道を描きながら接近し、最終的には合体する。このとき、中性子星表層の一部が引きちぎられ宇宙空間に放り出されるが、その際に起きる爆発で明るく輝くと予想される。もっとも、その明るさは、通常の超新星爆発の100分の1程度しかなく、暗い超新星、あるいは、新星（白色矮星の表面に伴星から物質が流れ込むが、超新星爆発には至らず表面で爆発を起こすケース）と超新星の中間的な状態に留まる。

1974年に初めて観測された中性子星同士の連星系は、その公転周期の変化から、3億年後に合体すると予想されている。また、ブラックホール同士が合体する際に放出された重力波が2015年に検出されたが、これは、周囲のガス流ではなく、ブラックホール自体が直接関与する現象であり、ブラックホールそのものを観測した初めてのケースと言える。

銀河中心のブラックホール

大質量星が主系列星としての寿命を終えた後にブラックホールになることは、オッペンハイマーらの先駆的な業績によって早くから理論的に解明されていたが、これとは別のタイプのブラックホールが存在することは、20世紀終盤になってようやくわかってきた。

天の川銀河の中心は、地球から見ていて座方向に2万5000光年だけ隔たった地点にある。ここには、いて座A*と呼ばれる天体（A*は「エー・スター」と読む）が存在するが、周囲の星の運動から、その質量を推定することができる。例えば、S2と命名された星は、15・2年の周期でいて座A*の周りを回っており、質量に関する制限を与える。こうしたデータに基づいて、太陽質量の400万倍程度という巨大な質量を持つことが判明した。

にもかかわらず、いて座A*はきわめて暗く、また、電波干渉計（異なる地点で受信した電波の相関を調べることで、分解能を高める装置）による観測で、電波源（ブラックホールとすれば周囲のガスが形成する円盤）の拡がりが、水星の軌道半径と同程度の数千万キロメートルしかないことが示された。太陽の400万倍の質量によって形成される事象の地平面の半径は約1200万キロメートルなので、ブラックホールだと考えるのが妥当である。

いて座A*がブラックホールであることが確実になって以降、他の銀河でも中心領域の観測が進み、アンドロメダ銀河やM32などバルジを持つ銀河の中心には、ほぼ例外なく、超巨大ブラックホールが存在することが明らかになった。

天の川銀河の中心近くにおけるガスの運動は明瞭ではないが、セイファート銀河と呼ばれる活動的な銀河では、中心付近で渦巻くガスから強い電磁波が放射されており、そのドップラー効果（波源の運動に起因する波長の変化）を調べることによって、ガスの速度と中心にある天体の質量が求められる。NGC4258という銀河の場合、この方法によって、太陽の3600万倍の質量を持つブラックホールだと判明した。巨大な楕円銀河の中には、太陽質量の数百億倍になるブラックホールを有するものが見つかっており、銀河同士が合体する際に、中心のブラックホールも融合して肥大化が進んだと考えられる。

問題は、超巨大ブラックホールの元になる最初の〝種《たね》ブラックホール〟が、どのようにして誕生したかである。当初は、大質量星の寿命が尽きて形成されたブラックホールが種となり、これが周囲の星やガスを飲み込みながら成長したと推測された。しかし、大質量星はもともと数が少なく、また、ブラックホールといえども、かなり近くまで接近してくれなければ、他の星を地平面の内側に引きずり込めないので、太陽質量の何百万倍にも成長するのは容易でない。

最近の観測データによれば、宇宙暦7億7000万年の時点で、すでに、太陽質量の20億倍のブラックホールが存在したと見られるが、これほど巨大なブラックホールが、恒星サイズのブラックホールから10億年以下で成長することは、ありそうもない。このため、超巨大ブラックホールは、現在とは異なる初期宇宙の特殊な環境に起源があると考えられるようになった。種ブラックホールの起源として、現在、二つのアイデアが提出されている。

(1)一つは、第4章で説明した第1世代の星が主系列星としての寿命を終えた後に、種ブラックホールを形成するというもの。現在の宇宙のように、ヘリウムより重い元素の割合が増えると、星が潰れる途中の段階でかなりの質量が放出されてしまい、ブラックホール質量は太陽の数十倍程度が事実上の上限になる。これに対して、第1世代の星には重い元素がなく、太陽質量の100倍以上のブラックホールも存在できる。宇宙暦数千万年から数億年頃の星団内部に、比較的大きな質量を持つこうしたブラックホールがいくつも誕生し、互いに融合して太陽質量の1万倍以上に成長していったというのが、このアイデアに基づくシナリオである。

(2)もう一つのアイデアは、暗黒物質ハローの密度揺らぎが大きい領域で太陽質量の10万倍以上の質量が一気に凝集し、主系列星段階や超新星爆発を経由しないでいきなりブラックホール（サイレント・ブラックホール）になるというもの。これほど大きな密度揺らぎを持つ領域は少ないので、初期銀河ごとに一つの巨大ブラックホールが存在し、銀河同士の合体を通じてブラックホールも超巨大化していったことになる。

実際にどちらのアイデアが正当なのか（あるいは、両方とも部分的に正しいのか）、決着は付いていない。第1のアイデアが正しいとすると、バルジのない矮小渦巻銀河のように、超巨大ブラックホールへと成長するだけの物質がない場所では、種ブラックホール同士の融合があまり進まなかった中間サイズのものが、かなり残っているはずである。したがって、太陽質量の数百倍から数万倍程度のブラックホールの分布を調べることで、アイデアの正しさが検証できる。

バルジのない渦巻銀河の中では、NGC4395に太陽質量の30万倍程度という、超巨大とまでは言えないブラックホールの存在が確認されているが、中心にブラックホールが見つかっていない銀河も多く、超巨大ブラックホールの起源に関しては、まだいろいろと謎が残されている。

銀河とブラックホールの共進化

かつては、物質を飲み込むばかりで何も放出しない〝死んだ天体〟と見なされていたブラックホールだが、現在では、銀河の進化に大きく関与するという見方が主流になっている。確かに、地平面の内側に飲み込まれた物質は二度と外に出てこない。だが、地平面のすぐ外側に形成されるガス流の作用により、ブラックホールは銀河内部のガスを引き寄せては吹き出す送風機のような役割を果たすことができる。鍵になるのは、ブラックホールが、質量に比べてきわめてコンパクトなことである。

重力によってブラックホールのすぐそばまで引き寄せられた物質は、光速に近いスピードに達する。このことは、脱出速度という概念を使うとわかりやすい。地表から真上に物体を投げ上げると、初速に応じた高さまで到達した後、上昇速度がゼロになって落下に転じる（大気の抵抗は無視できるものとする）。上向きの初速を増していくと到達する高度はだんだんと高くなり、ある速度以上になると、地球の重力圏を脱して無重力の宇宙空間に飛び出していく。この速度を、脱出速度という。

脱出速度ちょうどで物体を投げ上げた場合、宇宙空間に到達したときの速度はゼロになるので、逆に、宇宙空間でほとんど動いていなかった物体が地球の重力に引き寄せられると、地表では脱出速度に達するはずである。ブラックホールの場合、地平面の内側からは光ですら脱出できないので、地平面における脱出速度は光速だと考えてかまわない。したがって、遠方から地平面のそばまで引き寄せられる物質（主にガス）は、光速近くまで加速される。

こうしたガスが、遠方からまっすぐにブラックホールに向かい、そのまま地平面の内側に飲み込まれるのならば、ブラックホールは単に物質の墓場でしかない。しかし、実際には、角運動量が保存されるために、大量のガスが、地平面の外側で渦を巻くように高速回転し始め、自分の重力によって扁平になった円盤を形成する。この円盤は、「降着円盤」と呼ばれる。さらに流入してくるガスが降着円盤にぶつかると、摩擦によって加熱され、高温（活動的な超巨大ブラックホールの場合は内縁付近で数十万度）になり、太陽フレアと似た爆発も起きて、強い電磁波を放出する。

原始惑星系円盤は電気的に中性のガスや塵が主成分だったが、光速近くに加速された物質が激しくぶつかり合う降着円盤では、原子が電子とイオンに分かれたプラズマになっている。荷電粒子から成るプラズマが激しく運動することにより、電磁誘導が起きる。円盤内部の電流は円形コイルと同じなので、磁力線は、円盤中心から上下方向に伸びていく。

荷電粒子は、フレミングの左手の法則による力を受けて、磁力線に巻き付くような螺旋運動をしながら、磁力線に沿って移動する。例えば、太陽から放出された荷電粒子が地球の磁気圏に到達すると、磁力線に沿って磁北極・磁南極の近くに集まり、そこで大気の分子とぶつかって発光する。これがオーロラであり、主に極地方で見られるのは、こうした理由による。

ブラックホールでも、高速回転する降着円盤の荷電粒子が上下に伸びた磁力線に沿って移動し、宇宙空間に放出される。詳しく見ると、磁力線は円盤の回転に伴って捻《ねじ》れながら回っており、荷電粒子は、磁力線の動きに追随しようとして振り回されるため、遠心力で加速され、高速のジェットとなって上下に放り出される（荷電粒子が加速されるメカニズムとしては、他にも、放射圧で加速されるという説などがある）。つまり、ブラックホールは、いったん引き寄せたガスの一部（あるモデル計算によれば、ガス全体の4分の1程度）を、円盤の上下に激しく吹き出しており、決して物質

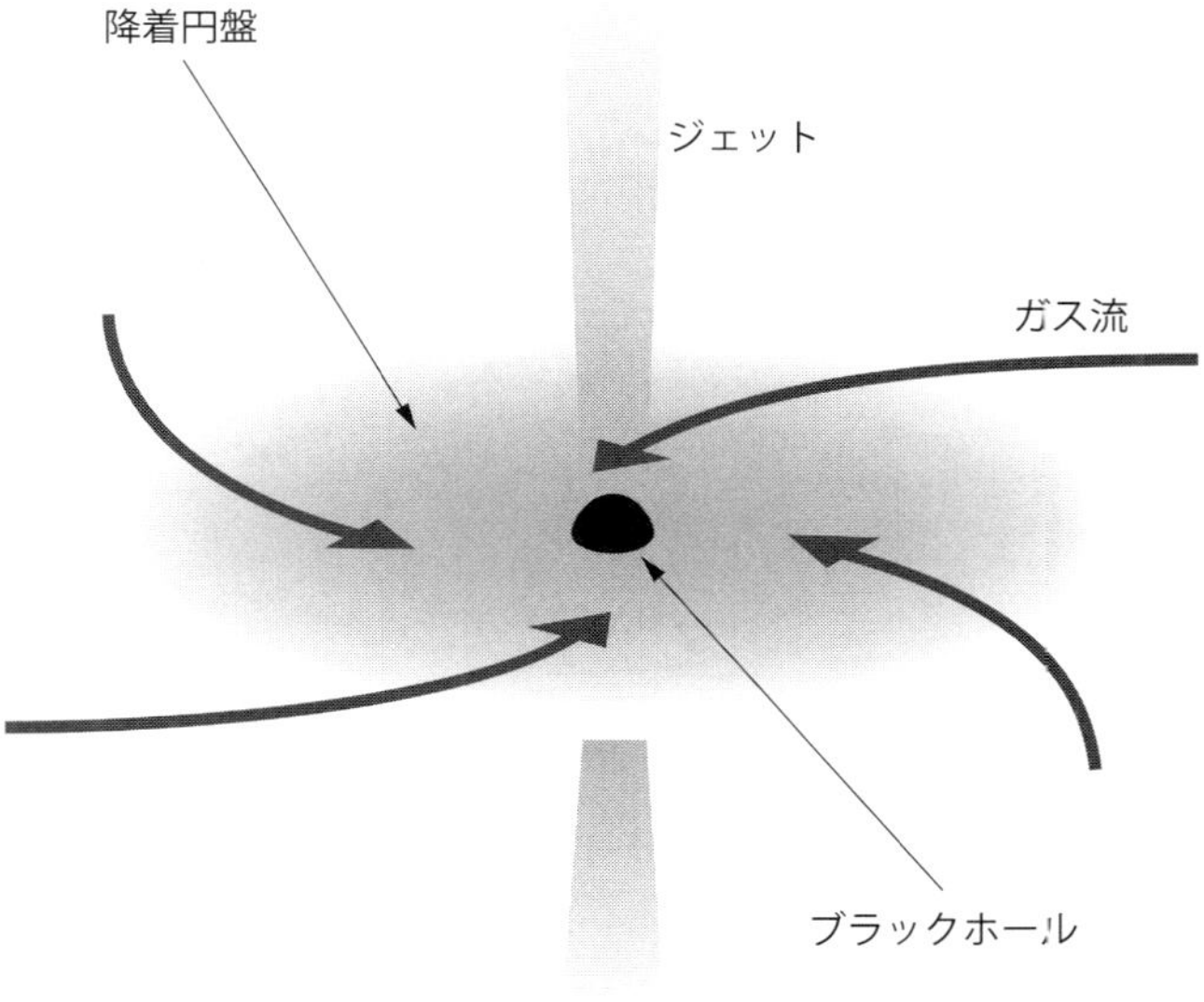

図9-3　ブラックホールとジェット

を飲み込むだけの天体ではない（図９－３）。

銀河中心に存在する超巨大ブラックホールが吹き出すジェットは、その拡がりが最大で数百万光年にも達する。最初に発見されたのは、おとめ座銀河団の中心付近にある楕円銀河Ｍ87のジェットで、１９１８年にヒーバー・カーティスが見つけた。１９７０年代に入ると、電波天文学の進展に伴い、続々と発見される。

ジェットや電磁波を盛んに放出する銀河は「活動銀河」と呼ばれ、宇宙暦20億～30億年頃に最も多く存在した。こうした古い活動銀河は、発見当初は正体がわからなかったために、謎の天体という意味でクエーサーと呼ばれていたが、現在では、中心の超巨大ブラックホールからガスや電磁波が放出される活動銀河（厳密に言えば、その中心部分である活動銀河核）だと考えられている。

超巨大ブラックホールが激しく活動していたのは、銀河が次々と合体していった時期に当たる。ブラックホールが特定の銀河内部にじっとしているだけならば、周囲のガスを飲み込み尽くすと、（星が飲み込まれる稀なケースを除いて）それ以上は成長できない。しかし、冷たいガスを多く含む小さめの銀河を融合すると、ブラックホールが大量のガスを飲み込んで急成長するとともに、ガスの一部をジェットとして吹き出し、銀河内部の物質を攪拌する。ブラックホールの活動は、銀河が成長期にあることを物語っている。

もっとも、こうした活動は、生命にとって必ずしもプラスになるものではない。強い放射線を周囲に照射するため、超巨大ブラックホールのある銀河の中心付近は、生命が棲息できないゾーンとなっている。また、星の誕生には、圧力が低く重力で凝集しやすい低温のガスが必要だが、ブラックホールが活動的だと、高温ガス流であるジェットによって周辺が加熱されるため、星形成が阻害される。しかし、ブラックホールが全く活動せず、低温ガスが豊富にありすぎると、大質量星が次々と誕生しては超新星爆発を起こし、やはり生命には適さない環境になるかもしれない。超巨大ブラックホールによる物質の攪拌と星形成率の調整が、現在の銀河環境を形作ったのである。

われわれの天の川銀河は、この規模の渦巻銀河としてはバルジが小さく、隣のアンドロメダ銀河と比べて20分の1以下である。中心にあるブラックホールも、比較的おとなしい。

ただし、常におとなしかったわけではない。中心部の上下には、高エネルギー粒子の存在する泡状の領域が数万光年にわたって拡がっており、おそらく100万年以上前にブラックホールにまとまった量の物質が流れ込んで、一時的にジェットが放出されたと考えられる。ジェットがある程度放出されると、周囲のガスが加熱され分子の運動エネルギーが大きくなって、ブラックホールに落ち込みにくくなる。ジェットの放出がガスの流入を抑制する負のフィードバックとなるため、ブラックホールの活動は脈動的に変化するが、天の川銀河は、現在、一時的な平穏期にあるのかもしれない。

銀河の終焉

銀河とブラックホールは、密接な関係を保ちながら共進化してきた。しかし、いつまでも良好な関係を持ち続けられるわけではない。長い時間が経過すると、周囲のガスを飲み込み尽くして、ブラックホールはおとなしくなる。すでに新しい星も誕生しなくなった銀河では、星同士の接近遭遇が起きた際に、一方がエネルギーを獲得して外宇宙に放り出されると、他方はエネルギーを失って密集していく。こうして、しだいに周辺部の星が蒸発していくとともに、残された星は中心部に集まり、そこで息を潜めていたブラックホールに次々と飲み込まれる。

寓話《ぐうわ》的な表現を用いれば、銀河は、その中心にブラックホールという怪物を飼っており、これにガス流という餌を与えることで、その獰猛《どうもう》なまでのエネルギーを利用してきたが、餌がなくなると、遂には、自分自身が喰われてしまうのである。

銀河全体がブラックホールに飲み込まれるのがいつ頃になるか、多くの不確定要因があるためはっきりしたことは言えないが、1垓（1垓は1兆の1億倍、すなわち10の20乗）年も経過すれば、大半の銀河において、外に飛び出さずに残った星が全てブラックホールに飲み込まれるだろう。

宇宙暦1垓年の宇宙は、空間が加速膨張を続けた結果としてほとんど何もない虚空が果てしなく拡がっており、ごく稀に漂流天体と超巨大ブラックホールが存在するだけの世界となる。

この時期のブラックホールは、もはや降着円盤をまとっておらず、20世紀半ばに思い描かれたように、漆黒の闇の中で運の悪い漂流者を待っているアリ地獄のような存在と化しているはずである。

第10章

虚空へ飛び立つ素粒子

——宇宙暦1正《せい》(10^{40})年まで

宇宙史は天体の歴史として語られることが多い。しかし、宇宙の始まりから終わりまで見ていくと、天体が活躍するのは中間の一時期にすぎず、初期の短い期間と後半の半無限の期間には、天体は存在しない。この時期をも含む全ての歴史を展望するためには、天体ではなく、物質の歴史として宇宙史を捉え直す必要がある。

20世紀初頭まで、物質は、化学反応の際にも変化しない原子（あるいは、イオンと電子のような基本粒子）から構成されると考えられていた。この考えが敷衍《ふえん》され、原子は、いかなる方法によっても分割や改変ができない永遠不滅の構成要素だと思われたこともあった。もし、こうした物質観が正しいとすると、宇宙には、はじめから終わりまで一貫して同数の原子が存在することになり、物質の生成・消滅を論じる余地はない。

現代的な物質観によると、永遠不滅の原子などというものは、存在しない。20世紀、原子の代わりとなる基本的な構成要素と目されるようになったのは、電子やクォークなどの素粒子だが、第2章で述べた通り、これらは不滅の存在ではない。電子やクォークのような素粒子は全て、エネルギーを獲得した場が行う振動が、量子論の法則に基づき、エネルギー量子というエネルギーの塊となった状態である。場にエネルギーが注入されると振動が始まって素粒子が現れ、他の場にエネルギーを受け渡すと振動が収まって素粒子は消える。

もはや、不滅の原子という考え方は完全に否定された。マザーユニバースから生まれたわれわれの宇宙では、解放されたポテンシャルエネルギーによって場が振動を始めたために、物質の元になる素粒子が生成されたのである。

大量のエネルギーを持って誕生した宇宙だが、空間が急激に膨張を続けるために、エネルギー密度は低下する一方である。場のエネルギーは、より小さなエネルギーで振動する場へと受け渡され、内部エネルギー（＝質量）の大きな素粒子は次々と姿を消していく。最後まで残るのは、他の場にエネルギーを受け渡すルートを持たない、小さなエネルギーで安定して振動する場の素粒子だけである。現在の素粒子論によれば、電子の場がそうした場の一つで、電子はいつまでも安定して存在し続ける。

だが、陽子や中性子の構成要素となるクォークの場は、そうではない。きわめてゆっくりとではあるが、電子や光の場に振動エネルギーを渡すことで、クォークは宇宙から姿を消していく。ビッグバンのエネルギーで物質を生み出した宇宙は、悠久の時の流れを経て、再び物質を失うのである。

漂流天体を構成する物質

銀河が崩壊した後、加速膨張を続ける広大な宇宙空間には、ごく稀に点在する超巨大ブラックホールと、その重力圏から逃れた中性子星や白色矮星、褐色矮星、さらには惑星や衛星のなれの果てといった漂流天体だけが存在する（漂流するブラックホールも存在するが、その運命は、第11章に譲る）。

しかし、まだ、宇宙の歴史が終わったわけではない。漂流天体は、内部の陽子・中性子がほんの少しずつ壊れることで質量を失い、だんだんと小さくなって、いつか完全に消えてしまう。もちろん、すぐになくなることはない。1個の陽子の平均寿命は、少なくとも1垓年の1兆倍（＝1溝《こう》年）以上はあるのだから。

漂流天体を作る物質について、改めて見ていこう。まず、宇宙の初期に天体が形成されるきっかけになった暗黒物質があるが、その正体は未知であり、遥か未来に残っているかどうかも不明である。しかし、たとえ天体の内部にずっと残留していたとしても、電荷を持たず重力しか作用しないため、陽子・中性子が壊れ天体が質量を失っていくにつれて、ガスとして宇宙空間に流出するので、天体が消える際に重要な役割を及ぼすことはない。

中性子星は、その名の通り、ほとんど中性子だけからできた天体で、非常に高い密度を持つ。太陽と同程度の質量を持つ中性子星でも半径は10キロメートルほどしかなく、密度は1立方センチメートル当たり10億トンに達する。

通常の物質は、陽子と中性子が結合してできた原子核と、その周囲に存在する電子から構成される。だが、巨大質量星が終焉を迎える際には、強大な重力によって物質が押し潰され、原子核内部の陽子と周囲の電子がくっついて中性子に変化し、それとともに、原子核の境界が曖昧になる。中性子星の中心部では、膨大な数の中性子が明確な境界なしに凝集していると推測されるが、どのような状態か完全に解明されたわけではない。また、中心部から離れるにつれて、陽子や電子も存在するようになる。

中性子星を構成する物質は、このように通常の原子とは全く異なるが、基本的な構成要素はよく知られた中性子なので、この後で紹介する陽子・中性子の崩壊に関する議論はそのまま使える。

白色矮星は、原子核と電子がぎゅうぎゅうに押し込まれた物質から構成される。典型的なものは、質量が太陽の０・６倍、半径が太陽の１００分の1前後で、このときの密度は、１立方センチメートル当たり0・8トンになる。通常の物質では原子核同士の間隔がきわめて広く、原子核の大きさの数万倍に達するのに、白色矮星では、重力によってこのスペースが圧縮され、原子核と電子がコンパクトに詰め込まれている。ただし、原子核と電子という通常の原子の構成要素は、そのまま保たれている。

また、褐色矮星、惑星系からはじき出された惑星や衛星は、通常の物質でできている。

以上のように、漂流天体を形作る物質は、原子の構造こそまちまちではあるが、基本的な構成要素が陽子・中性子・電子であることは共通している。したがって、これらの素粒子の運命が、漂流天体の未来を左右する。

電子は、現在の素粒子論によると、壊れて消滅することはない。陽子や中性子も、互いに移り変わることはあっても、全体の個数は保たれるという考え方が、長らく支配的だった。この考えが正しければ、漂流天体を構成する物質は安定であり、その姿のまま、いつまでも宇宙空間を漂い続けることになる。しかし、1970年代に入ると、陽子や中性子が壊れる可能性が示唆されるようになる。こうした可能性が論じられるようになった背景には、宇宙に存在する物質と反物質が等量ではなく、物質の方が遥かに多いという謎への挑戦がある。

物質と反物質

ビッグバン直後の宇宙空間はエネルギー密度が高く、場は泡立つ熱水のような状態となり、無数の素粒子に満たされていた。ただし、この素粒子が、そのまま天体などの構成要素になったわけではない。ビッグバン直後に生み出された素粒子の大部分は、じきに姿を消していく。これは、空間が急激に膨張することによって、場のエネルギー密度が低下するためである。

質量がより小さい素粒子の場にエネルギーを受け渡せる素粒子は、次々とエネルギーを失って消滅する。例えば、質量の大きなミュー粒子は、質量が小さい電子やニュートリノの場にエネルギーを与えて、自分は姿を消す。また、電磁場の振動によって生じる光子は、空間が膨張するにつれて波長が引き伸ばされエネルギーがどこまでも低下していくので、ビッグバンの残光はしだいに薄れてかすかな背景放射となり、現在では、もはや真空とほとんど見分けがつかない。

もし、全ての素粒子がこのようにして姿を消すのならば、宇宙は、ビッグバンから何億年も経たないうちに、実質的に虚無の世界へと戻ってしまう。そうならなかったのは、いわゆる反粒子の個数が粒子より少なかったからである。この反粒子なるものについて、簡単に説明しよう。

素粒子には、ボソンとフェルミオンという二つのタイプがある。光子やW粒子のようなボソンの場合、場にエネルギーを注入すると（電荷保存則などの制限の範囲内で）次々と素粒子が生まれ、エネルギーを失うと素粒子が消える。これに対して、電子やクォークなどのフェルミオンに関しては、少し状況が異なる。

フェルミオンが従う方程式をきちんと（相対論の要請を満足する形に）定式化すると、質量が等しく電荷が逆になる素粒子を表す二つの成分が現れる。この方程式を最初に見いだしたポール・ディラックは、この2成分が、その時点で発見されていた二つの素粒子である電子と陽子を表すものと考えたが、それでは、電子と陽子の質量が2000倍近く異なっているという実験事実を説明できない。そこで、一方の成分が電子であり、他方は、真空から電子が抜けた〝孔《あな》〟だと解釈した。これが、ディラックの有名な〝孔〟理論である。

真空の〝孔〟というディラックの解釈は突飛で面白く、いまだに固執する物理学者もいるが、残念ながら、現在ではほぼ否定されている。その代わり主流になった解釈は、電子のようなフェルミオンには、質量が等しく電荷が逆になる反粒子が必ず存在するというものである。電子の反粒子は、ディラックが方程式を見いだした4年後に、宇宙線による高エネルギー反応を通じて見いだされ、（反電子ではなく）陽電子という紛らわしい名称が与えられた。

方程式の形によると、フェルミオンは、（電子のような）粒子と（陽電子のような）反粒子がペアで生まれたり消えたりすることができる。本格的な議論は難しいので、これ以降は、比喩を用いた説明に替えよう。

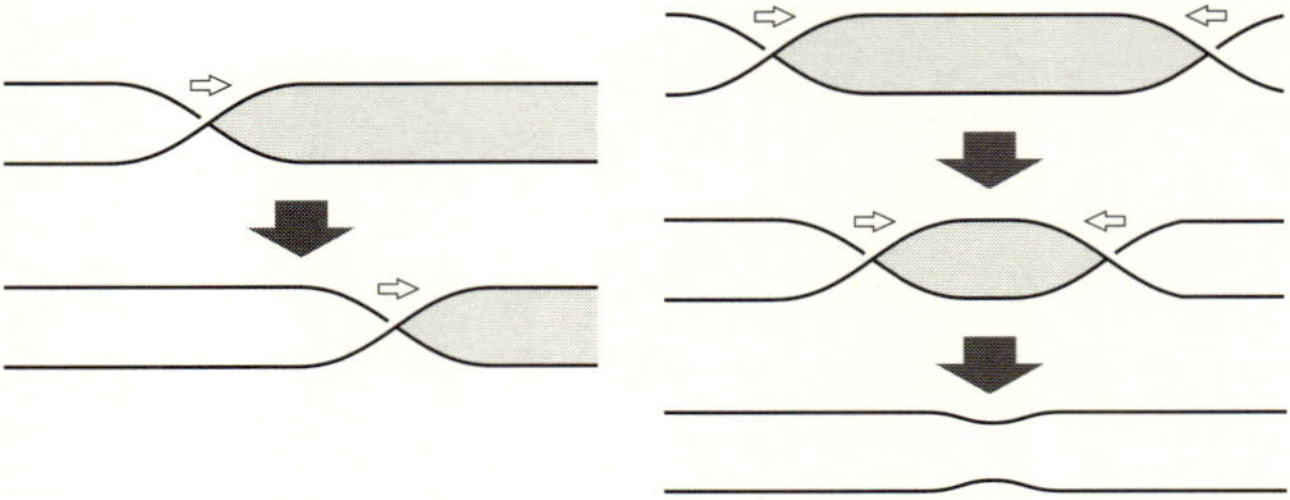

図10-1　ねじれの移動と対消滅

平らな床に長いリボンをペタリと貼り付けた状況を思い描いていただきたい。このとき、途中でリボンがねじれてしまうことがある。このねじれは、位置は変えられても単独でなくすことはできず、逆向きのねじれとペアにしなければ解消されない（図10－1）。また、ねじれのない部分をひねることで、逆向きのねじれをペアで作ることもできる。粒子と反粒子は、ちょうど逆向きのねじれのようなものである（これは、物理学的に厳密な話ではなく、あくまで比喩だと思ってほしい）。場にエネルギーを注入すると、粒子と反粒子がペアで生成され、二つが出会うと、光子などの形でエネルギーを放出してペアで消滅する。この過程を、粒子・反粒子の対生成・対消滅という。

電子と同じく、クォークにも反粒子があり、クォーク・反クォークのペアで生成したり消滅したりする。反クォークが3個集まり、周囲にグルーオン場やクォーク・反クォーク対をまとってできた反陽子は、素粒子ではなく複合粒子だが、陽子と衝突すると、内部にあるクォークが対消滅するため、陽子・反陽子全体が対消滅を起こす。反中性子も、同様である。反物質とは、反陽子・反中性子が結合した原子核の周囲に陽電子が存在する「反原子」が集まってできたもので、物質と接触すると対消滅を起こす。

反粒子はなぜ少なかったのか？

まとまった量の反物質は、地球には存在しない。もし存在すれば、豊富にある物質と接触した瞬間に、莫大なエネルギーを放出して対消滅してしまうだろう。天の川銀河の内部に、反物質が天文学的なスケールで集積している領域はない。巨大な反物質天体が、宇宙空間のどこかに孤立して存在する可能性は皆無ではないが、粒子と反粒子が広範囲にわたって分離されるメカニズムは見いだされておらず、物理学者はその存在に否定的である。

現在の標準的な宇宙論によれば、ビッグバンの直後には、場が激しく振動することで粒子と反粒子が同じ数だけ誕生したが、その後の素粒子反応を通じて、（陽電子・反クォークなどの）反粒子よりも（電子・クォークなどの）粒子の方がわずかに多くなったと考えられている。なぜ粒子の方が多いかという説明は後回しにして、粒子と反粒子の個数が等しくないと何が起きるかを示そう。

空間膨張によって温度が下がり、対生成を起こすだけのエネルギーがなくなると、粒子と反粒子は対消滅するだけとなって、急速に失われていく。こうして、反クォークから成る反陽子・反中性子はビッグバンから100万分の1秒程度で、陽電子は数十秒で、それぞれ、より多く存在する陽子・中性子や電子と対消滅を起こし、宇宙空間からほとんどなくなった(陽電子は、巨大天体の周囲や恒星内部での核反応によって電子とともに簡単に対生成されるので、現在ではかなり豊富にある)。

対消滅によって反粒子が消え去っても、それよりわずかに数が多かった電子や陽子は、消えることなく残される。これらの粒子は、その内部に質量という形でビッグバンのエネルギーを蓄えているので、空間が膨張しても、光子のようにエネルギーが薄められることはない。こうして、エネルギーを拡散させずに保ち続ける陽子や電子から構成された物質が凝集し、天体や銀河を形成していったのである。

それでは、反粒子が粒子より少なくなったのは、どのようなメカニズムによるのか？　ここで鍵となるのが、異なる種類のフェルミオン同士が相互に移り変わる相互作用の存在である。通常の物質を構成するクォークには、(第2章で説明したように) uクォークとdクォークがある。これらには、それぞれに反クォークが存在し、ペアで対生成・対消滅する。しかし、それだけではなく、uクォークとdクォークが相互に変換されることがある。例えば、dクォークは、W粒子を放出してuクォークに変化することができる。

このとき飛び出したW粒子は、電子とニュートリノ(厳密に言うと、その反粒子である反ニュートリ

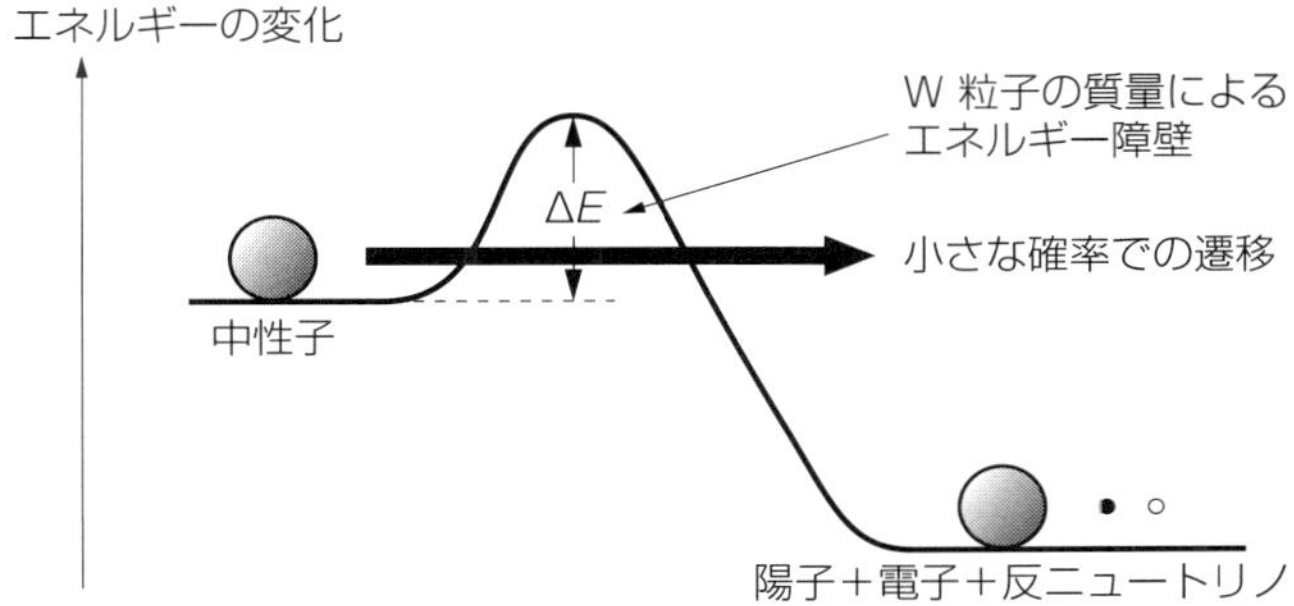

図10-2　ベータ崩壊

ノ）に崩壊する。こうした素粒子反応が中性子の内部で起きると、中性子内部に2個あるdクォークの1個がuクォークになるので、中性子がW粒子を介して電子とニュートリノを放出し、自身は陽子に変わるというベータ崩壊が起きる。

W粒子は、陽子の86倍（電子の15万倍以上）の質量を持っている。W粒子を作るには、この質量に等しいエネルギーを供給しなければならず、（第5章図5－3のΔEに相当する）大きなエネルギー障壁が存在する。このため、ビッグバンから1000万分の1秒も経つと、温度が下がって熱反応だけではエネルギー障壁を越えられなくなる。

しかし、素粒子が従う量子論には不確定性原理と呼ばれる法則があり、エネルギーなどの物理量は値が明確に定まっていないため、きわめて小さい確率ながら、この障壁を乗り越えることが可能になる（図10－2）。孤立した中性子は、約10分の半減期で陽子に変化するが、この半減期は、通常の素粒子反応の時間と比べると、何十桁も長い。変化がこれほどゆっくりと進行するのは、W粒子の質量に起因するエネルギー障壁が大きいため、素粒子反応が起きる確率が小さくなるからである。

宇宙の初期に反粒子が粒子より少なくなったのは、uクォークとdクォークのケースと同じように、クォークと電子が互いに変換されるような相互作用があるからだと推測される。こうした相互作用は、X粒子と呼ばれる仮想的な粒子によって媒介される。クォークを含む複合粒子の変化で見ると、この相互作用は、陽子と陽電子、反陽子と電子が相互に変換される反応として現れる。X粒子はいまだに発見されておらず、X粒子を含む理論の中で最も期待された仮説（SU(5)という数学的な仕組みを利用するもの）は、理論的に予測される頻度での陽子崩壊が実験で見いだされなかったため、正しくないことが判明した。

しかし、多くの物理学者は、陽子と陽電子が相互に変換されるような反応が実際に起きるはずだと考えている。なぜなら、こうした反応が存在しないと、宇宙に物質（陽子や電子）が多く反物質（反陽子や陽電子）が少ない理由がうまく説明できないからである。

ビッグバン直後の高温状態では、対生成・対消滅によって陽子と反陽子、電子と陽電子が同じ数だけ生まれたり消えたりしていたが、それとともに、X粒子を介して、陽子と陽電子、反陽子と電子が互いに移り変わる現象も起きていた（話を簡単にするため、中性子やニュートリノに関しては、ここでは考えない）。このとき、互いに粒子・反粒子の関係にある陽子と反陽子、電子と陽電子は、対生成・対消滅によって、常に同じ個数だけできたり消えたりする。対生成・対消滅しか起きないならば、陽電子よりも電子の方が多くなることは、決してない。

ところが、陽子と陽電子、反陽子と電子が移り変わる反応には、こうした厳しい制限はなく、陽電子よりも電子が、反陽子よりも陽子の方が多いという状況が起こり得る。こうした状況のとき、そのまま宇宙空間が膨張して温度が下がると、陽子と反陽子、電子と陽電子は対消滅によって消えていくが、個数に差があるせいで、反陽子や陽電子がなくなっても陽子と電子は残る。こうして残った粒子が、その後、天体を構成する素材となったのである。

陽子よりも陽電子の方が質量が小さいので、X粒子を介して両者が移り変わるということは、中性子がベータ崩壊によって陽子に変わるのと同じように、陽子が陽電子に崩壊し得ることを意味する。X粒子の質量はW粒子よりも遥かに巨大だと予想されるので、陽子が崩壊する確率は、ベータ崩壊の確率よりもずっと小さいはずである。しかし、確率がゼロでなければ、きわめて長い時間が経過するうちに確実に陽子の崩壊が起き、物質は壊れていく。

もしX粒子を介した相互作用がなければ、物質と反物質は宇宙空間に等量存在するはずなので、陽子と反陽子、電子と陽電子の対消滅によって天体を構成する素材の大半が消滅し、宇宙は実に寂しい世界になってしまうだろう。完全にシンメトリックな世界では極限にまで薄れてしまうはずのビッグバンのエネルギーが、粒子・反粒子の個数が等しくなくなったおかげで陽子や電子の内部に留まれたため、物質の存在が可能になったのである。

宇宙は、こうした相互作用によって多様で物質を存在させる世界となったのだが、皮肉にも同じ相互作用が、最後には物質を消滅させ、複雑な現象が生じる豊饒な時代の幕引きを行うことになる。

消えゆく物質

銀河から飛び出して漂流する白色矮星や中性子星は、すでに核融合も行わなくなって久しく、暗く冷え切っている。褐色矮星やかつての惑星・衛星は、もともと核融合を行っておらず、地熱をもたらす核反応も、遥か以前に停止しており、熱源とはならない。

こうして、ほぼ絶対零度まで冷え切った天体は、何も起こさない物質の塊として、そのまま永遠に宇宙空間を彷徨《さまよ》い続けるようにも思われる。しかし、陽子や中性子が崩壊するとなると、そうもいかない。こうした漂流天体は、長い時間を掛けて壊れていき、いつかは天体の形を保てなくなって消滅する。

陽子や中性子の崩壊は、放射能を持つ物質で起きる放射性崩壊と似たところがある。こうした崩壊の特徴は、ある短い期間に崩壊が起きる確率（崩壊率）が、時間とともに変化せずに常に一定だという点である。これは、崩壊率が、図10－2に示したようなエネルギー障壁を通り抜ける

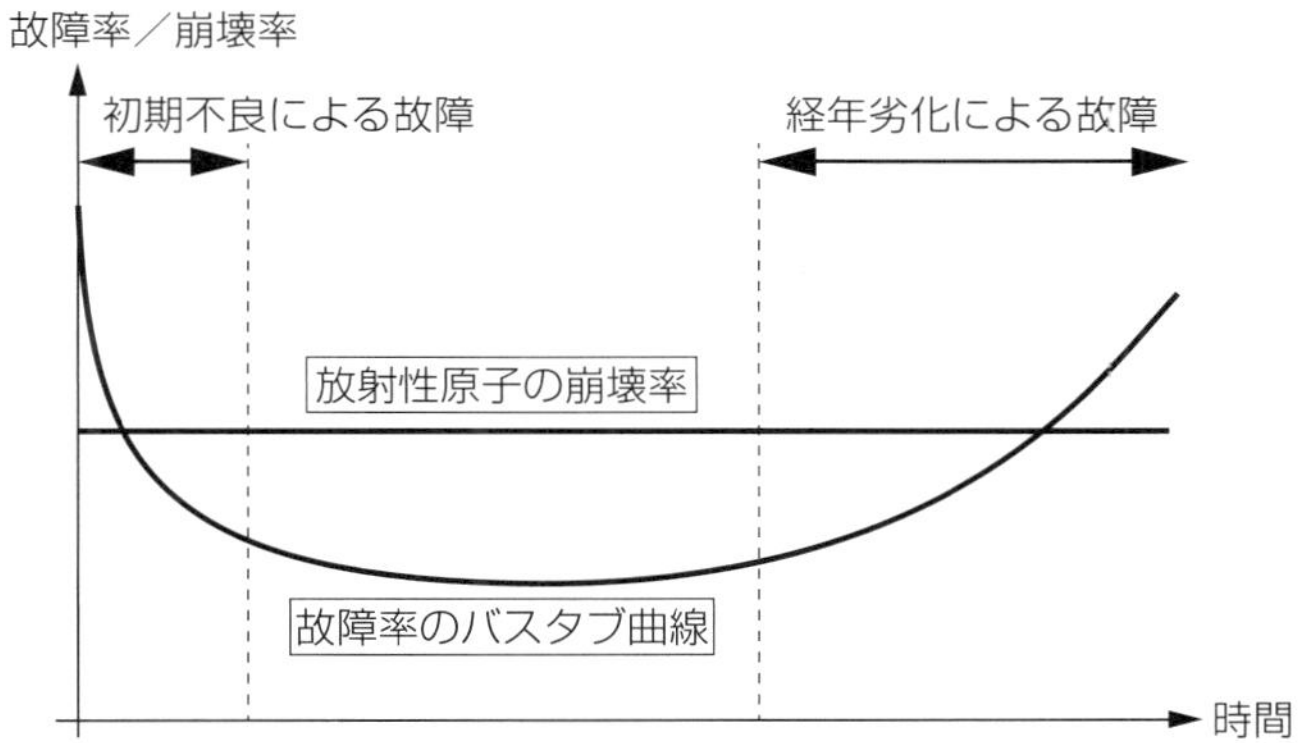

図10-3 故障率と崩壊率の時間変化

確率として物理法則によって決定されるからであって、機械の故障率（あるいは、動物や人間の死亡率）などとは大きく異なる。

機械の故障率を使用時間に対してプロットすると、使い始めて間もない頃とかなり時間が経過した頃に故障率が高い、いわゆるバスタブ曲線を描く（図10－3）。こうした時間変化が生じるのは、当初は製造上の欠陥といった初期不良による故障が、時間が経過した後は経年劣化による故障が多くなるためである。これに対して、素粒子や放射性原子が崩壊する確率は、どの瞬間にも常に一定であり、「まだ寿命には間があるから崩壊しにくい」ということはない。

一定の崩壊率による個数の変化がどのようなものになるか、わかりやすく示すのが半減期である。例えば、原子炉におけるウランの核分裂の際に分裂生成物（死の灰）として作られる放射性ヨウ素は、半減期約8日でベータ崩壊を起こして、放射能のないキセノンに変わる（このとき飛び出す高エネルギーの電子が細胞傷害性を持つ放射線であり、甲状腺に集まった放射性ヨウ素による体内被曝が甲状腺ガンの原因となる）。半減期とは、放射性原子の個数が半分に減る期間のことで、最初に放射性ヨウ素原子が1万個あったとすると、8日後には5000個、16日後には2500個、24日後に1250個というように、8日ごとに半分になっていく。

「ある期間で個数が半分になる」という性質は常に変わらないが、崩壊せずに残る原子の個数を時間に対してプロットすると、時間の経過に伴って急激に減ることがわかる（図10−4）。こうした減少の仕方は、1万個のコインを8日ごとに放り投げ、裏が出たコインを取り除いていく場合と等しい。コインの表が出るか裏が出るかは、常に確率2分の1で起きる事象であり、ある期間で失われる確率が一定のときの個数の変化が、図10−4のように急激に減少するカーブになることを示す。

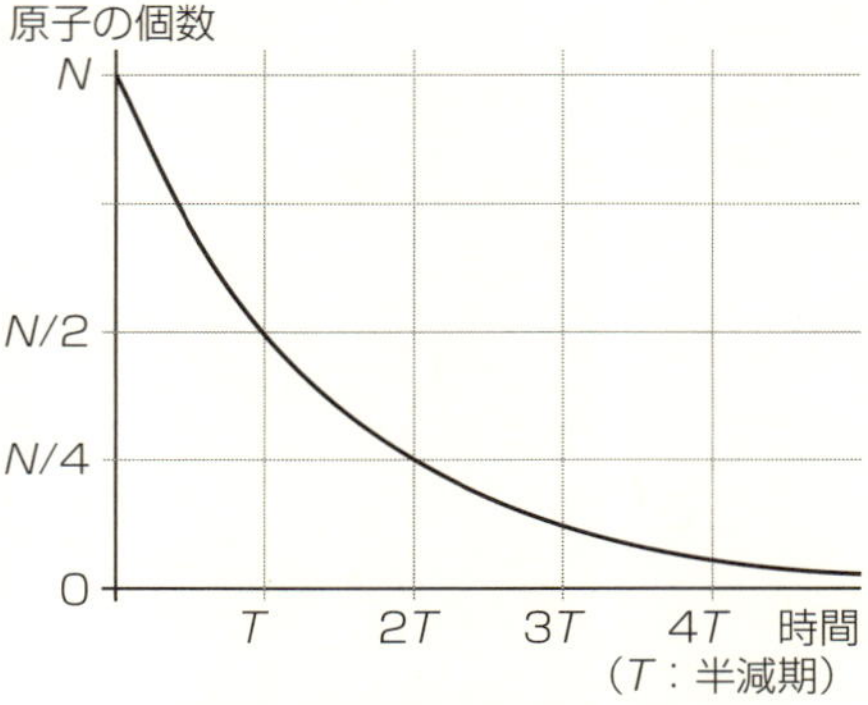

図10-4　放射性原子の個数

原子の放射性崩壊と同じように、天体内部で陽子や中性子の崩壊が起きると、放射線が放出され、陽子・中性子の個数が減少する。その減り方のスピードは、半減期によって表される。ここでは、陽子崩壊に限って見ていくことにしよう。

陽子がどのように崩壊するかは理論によって異なるが、ある理論では、陽子は、パイ0中間子を放出して陽電子に変わる。パイ0中間子は、湯川秀樹が原子核内部で陽子・中性子を結合させる素粒子として提唱した中間子（パイ中間子）の一種で、短時間で2個の光子に変化する。また、陽子が変化してできた陽電子は、周囲の電子と対消滅を起こして、やはり光子を放出する。天体内部での陽子崩壊によってできた光子は、周囲の物体に吸収されて熱となるので、陽子崩壊が起きると、原子核から陽子が1個消滅し、その内部エネルギーに相当する熱が周囲を温めることになる。

陽子崩壊の半減期が何年かは、わかっていない。本章の冒頭に示したように、1垓年の1兆倍（＝1溝年）以上だが、いくつかの理論によれば、1垓年の1京倍（＝10の36乗年＝1澗《かん》年）程度ではないかと推測される。この時間が過ぎると、物質を構成する陽子（および中性子）の半分が壊れ、質量も半分になってしまう。2を10回掛けると1024になるので、半減期の10倍の期間（半減期1澗年の陽子では10澗年）が過ぎると質量は1000分の1に減り、以後、10澗年ごとにさらに1000分の1に減る。こうして、物質はどんどんと失われていく。

原子核は、陽子と中性子が何個かずつ結合したものである。例えば、通常の酸素原子核は、陽子8個と中性子8個が結合しているが、このうちの1個の陽子が崩壊して陽電子とパイ0中間子になった後、光子となって飛び去っていくと、残るのは、陽子7個と中性子8個からなる窒素である（最も豊富な窒素14の同位体である窒素15）。

このように、陽子や中性子が崩壊すると、しだいに、原子核を構成する粒子の個数が減っていく。陽子と中性子の個数がアンバランスになると、ベータ崩壊などの核反応が起きることもあるが、原子核の質量が一方的に減るという傾向は変わらない。最終段階は、陽子1個の水素原子核になった状態で、物質は、ほとんど水素だけから構成される。水素原子核で陽子崩壊が起きると、後には何も残らない。

漂流天体の最期

陽子・中性子の崩壊が、銀河から飛び出して宇宙空間を漂流する天体で起きると、その質量はどんどんと減っていく。陽子の半減期を1澗年と仮定して、白色矮星の最期を見てみよう。

1澗年はきわめて長い時間だが、質量が太陽の0・6倍という典型的な白色矮星には、陽子が1澗の10垓倍個（＝10の57乗個＝10阿僧祇《あそうぎ》個）もあるので、白色矮星全体で、1秒間に約10兆個の陽子が崩壊する計算になる（この辺りの計算は、桁だけを考えている）。

地球の地熱は、主に中心部で放射性原子の崩壊が起きることでもたらされるが、同じように天体内部で熱を発生させる陽子崩壊は、白色矮星をどれほど加熱するのだろうか？　陽子1個が崩壊したときに放出されるエネルギーは、陽子の質量に光速cの2乗を掛けた値である100億分の1ジュールなので、10兆個の陽子崩壊による熱出力は、およそ1キロワットとなる。巨大な天体であるにもかかわらず、電子レンジ1台相当、地球の地熱の100億分の1以下の出力しかない。これでは、天体を絶対零度から0・1度上昇させることすら難しい。

陽子崩壊が続くと、白色矮星の質量はどんどん減っていく。半減期の10倍である10澗年が過ぎると質量は1000分の1、さらに10澗年が過ぎると元の100万分の1の質量になり、地球よりも軽くなる。こうなると、原子核と電子をぎゅうぎゅうに押し込めていた重力が弱くなって密度が通常の値に戻り、きわめて高密度の天体だった白色矮星は、単なる水素の氷となる。100澗年も経つ頃には、白色矮星だったものは、計算上、1キログラム程度の水素の塊になって、そのまま消えてしまう。

最後の頃は、陽子が崩壊してできた陽電子は、周囲にあまり物質がなく、相互作用しないまま外部に放出される（電荷のバランスを取るように、原子核の周囲にあった電子の一部も天体からこぼれ落ちる）。加速膨張を続ける宇宙空間で陽電子が電子と出会う確率は限りなく低いので、飛び出した電子や陽電子は、ニュートリノや光子などとともに、未来永劫、宇宙空間を彷徨う漂流素粒子となるだろう。

中性子星や惑星・衛星も、時間の長短こそあれ、陽子や中性子の崩壊によって質量が減っていき、最後は宇宙空間の虚空へと雲散霧消する。

こうして、宇宙暦1正《せい》年（10の40乗年）頃には、陽子や中性子は宇宙空間から完全に姿を消し、電子、陽電子、ニュートリノ、光子が薄く漂うだけとなる。だが、まだ完全な終わりではない。所々に、巨大なブラックホールが残っている。これらが最後にどうなるかを、次の章で見ることにしよう。

第11章

ビッグウィンパーとともに

——宇宙暦10^{100}年、それ以降

宇宙の歴史は、凝集と拡散のせめぎ合いとして展開される。始まりの瞬間は、ほぼ一様な高温状態である。気体の熱力学で言えば、気体が一様に拡がった状態は、分子が拡散することで到達する最終的な局面である。だが、重力による物質の凝集という観点から見ると、一様な状態は、まだ何も集まっていない出発点でしかない。凝集に関しては出発点、拡散に関しては到達点という不均等な状態から始まった宇宙では、まず凝集が一様性を壊し始め、凝集と拡散が絡み合って複雑な構造が形成される一時期が訪れる。

しかし、こうした複雑さが見られるのは、宇宙が始まった直後のわずかな期間にすぎない。凝集した物質は、やがて全ての構造を破壊し尽くすブラックホールという怪物を生み出す。その一方で、ブラックホールに飲み込まれなかった物質や光は、膨張し続ける宇宙空間に限りなく薄く

拡がって、拡散の極みに達する。

前章で述べたように、宇宙暦1正年（＝10の40乗年）頃に宇宙に存在するのは、銀河を飲み込んだ超巨大ブラックホールと、もはや星々の存在しない暗黒の空間をまばらに漂う電子と陽電子・ニュートリノ・光子などの素粒子だけとなる。前者は、巨大な重力によってひとたび内側に取り込んだ物質を決して外に出さない凝集の到達点、後者は、空間全域にエネルギーを押し広げようとする拡散の到達点とも言える。こうして、凝集と拡散の争いは、デッドエンドを迎えると思われた。

ところが、１９７０年代になって、その先があることが示される。ブラックホールが蒸発し、最終的に拡散が勝利を収める見通しが出てきたのである。

「宇宙の熱死」とは？

「宇宙はどのような終焉を迎えるか」という問いは、19世紀になってから科学に基づいて真剣に考察されるようになった。その一つの解答が、ケルヴィン卿によって提案された「宇宙は、最後に何の変化も起きない状態に達する」という「熱死《ねつし》」（熱的死とも言われる）のアイデアである。

ケルヴィン卿が熱死のアイデアに到達した背景には、当時、鉱工業に応用する目的で急速に進展した熱力学に基づく世界観がある。熱力学は、「熱は、高温の領域から低温の領域へと流れ、逆流することはない」という経験則を、エントロピーという概念によって理論的に定式化することから出発した学問で、19世紀末には、ミクロな領域でのエネルギーのやり取りを扱う統計力学へと発展する。

統計力学によれば、分子のようなエネルギーの担い手にどのようにエネルギーが分配されるかは、統計的な法則によって決定される。エネルギーの分配の仕方に偏りがあるかどうかを表すのが温度という指標で、周囲より温度が高い領域は、より多くのエネルギーが偏って分配されている。ミクロな領域でエネルギーがやり取りされる過程は、こうしたエネルギーの偏りをなくす方向に進むため、温度の高い領域から低い領域へと自然に熱エネルギーが流れることになる。

エネルギーの分配を平準化するような変化は、目に見えるような巨視的な運動をする物体が存在する場合にも生じる。巨視的な物体が気体や液体内部を運動する場合、その運動エネルギーは、摩擦や抵抗によって分子レベルのエネルギーである熱に変化し散逸する。

例として、気体を密封した容器内部に振り子を吊るして振動させる場合を考えよう。気体と振り子が同じ温度であったとしても、振り子は振動することによる運動エネルギーを余分に持つため、容器内部におけるエネルギーの分配は振り子に偏っており、その結果として、エネルギーの移動が生じる。

振り子が振動すると気体分子と衝突するが、このとき、振り子は気体による圧力を押し返すように動き、気体に対して仕事をするため、振り子から気体分子に受け渡されるエネルギーの方が逆向きのエネルギーよりも大きい。こうして、振り子の振動という一極集中型のエネルギーはしだいに散逸し、巨視的運動は停止する。その一方で、気体分子に移動したエネルギーは熱エネルギーとなって容器内部に拡がり、以前より少し高い一様な温度になった段階で、熱の移動もなくなる。こうして、もはや目に見える変化が生じない熱死の状態が訪れる。

巨視的な物体の運動エネルギーが散逸する過程は、宇宙規模でも起きる。惑星系のように複数の天体が集まったシステムでは、中心星が圧倒的に巨大な質量を持っていたとしても、惑星が安定したケプラー運動をいつまでも保つことはできない。他の惑星からの重力が複雑に作用する結果として、あるものは弾き出され、あるものは合体し、しだいに天体の個数を減らしながら密集した状態になっていく。このとき、弾き出される惑星が大きなエネルギーを持って逃げ去るので、残された天体群のエネルギーは減少する。

天体同士が近づくと、相手からの重力が場所によって異なる向きに働いて天体を変形させるため、摩擦によって熱が発生し宇宙空間に放出される。高密度の天体が連星系を形作る場合は、重力波によるエネルギーの散逸も大きな効果を持つ。このような過程を経て、天体のシステムは崩壊していく。

19世紀の時点では、空間の膨張やブラックホールは知られておらず、質量も保存するとされたので、最終的には、他に相互作用をほとんど及ぼさない孤立した天体と希薄な星間ガス、それに空間を漂う光だけが残り、全てが同じ温度になると考えられた。このような状態では、巨視的な相互作用も熱の移動も生じない。

こうした熱死のシナリオは、現在でも、部分的に修正するだけで通用する。現代的な宇宙論によれば、空間はどこまでも膨張していくので、エネルギー密度は低下し続け、温度は、自然界の最低温度である絶対零度に近づく。宇宙空間に飛び出した素粒子の運動では、加速する空間の膨張に追いつけないため、わずかに残された電子や光が空間全域に均一に分布することはなく、いつまでも拡散が続くために完全な熱死状態にはならないが、温度が極限にまで低下し、目覚ましい物理現象が何も起きなくなるという意味で、熱死に近い状態に行き着く。

ただし、ふつうに考えると、このシナリオに組み込めそうもないものがある。ブラックホールである。相対論によれば、質量とは内部に閉じ込められたエネルギーのことなので、大質量を持つブラックホールは、内部に巨大なエネルギーを蓄えている。ところが、ひとたび地平面の内側に落ち込むと、もはや光すら脱出することができないため、ブラックホールは、蓄えたエネルギーを決して手放さないはずである。熱力学では、有限の温度を持つ物質は、必ず熱放射を行うことが示される（そうでなければ、熱は温度の高い領域から低い領域へと流れるという熱力学の基本法則が破られる）。したがって、何の放射も行わないブラックホールは、絶対零度でなければならない。

また、ブラックホールに飲み込まれたものは、全て中心にある空間の〝穴〟（そこで微分方程式で記述される物理法則が成り立たなくなる特異点）に到達して、宇宙から消滅するので、理想気体における圧力や密度のような、物質的な状態変数を考えることもできない。エネルギー分配の偏りを均す熱力学的な変化に関与しないので、ブラックホールだけは、熱死シナリオとは別に考慮しなければならない——ように見える。

しかし、ブラックホールは、本当に熱力学とは無縁なのだろうか？　現在のブラックホールは、周囲に降着円盤を形成しており、星間物質をかき混ぜるミキサーのような役割を果たしているが、長い時間が経過すると、全てを飲み込んで、周囲にも内部にも物質や光が存在しない状態に落ち着く。こうした状態にあるブラックホールには、もはや重力場しか備わっていない。したがって、もしブラックホールの熱力学が存在するならば、それは、物質ではなく重力場に関するものとなるはずである。ここで、「重力と温度がどのようにかかわるか」という問題が浮上する。

重力と温度

物質も光もなく、重力だけが作用する空間の熱力学など、考えることができるのだろうか？　ほとんどの物理学者は、何もない真空は熱力学と全く無縁だと考えていた。物質も光もなければ熱のやり取りを考えることはできず、エネルギーの移動も起きるはずがない——それが物理学の常識だった。しかし、理論物理学の進展によって、この常識が崩れ始める。

真空の熱力学を考えることが可能なのは、空間が空っぽの容器ではなく、物理現象の担い手である場と一体化しているためである。物質や光がなくても、物理現象を引き起こす場は常に存在しており、エネルギーが注入されると直ちに振動を始める。素粒子とは、そうした振動が、量子論の法則に従って、エネルギー量子というエネルギーの塊になったものである。しかし、場が取り得るのは、素粒子が存在する状態だけではない。場には、エネルギー量子にはならない振動をする余地も残されている。

量子論には、不確定性原理によって、物理量の値が確定しないという特徴がある。粒子の場合は、位置や運動量の値が不確定になるが、場を扱う量子論では、場の値（場の強度）が確定しない。古典的な熱力学の場合、絶対零度とは、全ての熱運動が停止する温度なので、場も振動を止めて完全に静止するはずである。だが、場の量子論では、不確定性原理があるため、場が静止し強度がゼロに確定することはできない。絶対零度でも、エネルギー量子とならない微細な振動がいつまでも続く。これが、「零点振動」と呼ばれるものである。

重力の作用しない空間では、零点振動はどの場所でも等しい。しかし、重力が存在すると、場所による違いが生じる。一般相対論によれば、エネルギーが存在すると周囲の空間（および時間）が伸び縮みしてゆがみが生じる。物質や光が存在する場合、このゆがみは、物質の運動や光の伝播に影響を及ぼし、重力として観測される。だが、物質や光がなくても、空間・時間のゆがみは、場の零点振動を変化させる効果をもたらし、その結果として、何もない空間に、場所によるエネルギーの差異を生み出す。こうして、重力が存在する空間にはエネルギーの偏りが生まれる。

エネルギーの偏りを表す指標が温度なので、重力が存在する空間は、絶対零度ではなく、重力に応じた温度分布が生じる。この温度分布が、ブラックホールの熱力学を決定することになる。

ブラックホールの熱力学

周囲に存在する重力が温度変化を引き起こすため、ブラックホールは絶対零度ではあり得ず、絶対零度よりもほんの少し高い表面温度を持つ。したがって、高温から低温の領域に熱が流れるという熱力学の原則に従うならば、ブラックホールから熱の流出が起きるはずである。しかし、光すら外に出さないブラックホールが熱放射することなどあり得るのだろうか?

この問題に解答を与えたのが、スティーヴン・ホーキングである。1974年、彼は、ブラックホールが放射するメカニズムを解明した（ここでは、説明の都合上、重力と温度の話を先に述べたが、科学史的な順序としては、ホーキングが先にブラックホールにおける熱放射の理論を作り、これを発展させる形で、重力と温度の関係が解明された）。

第9章で説明したように、ブラックホールの周囲には、取り囲むように事象の地平面が形成される。地平面の内側では、空間が大きくゆがんでおり、外向きに進もうとしても中心に近づいてしまう。このため、いかなる方法をもってしても、地平面の内側から外側へと移動することはできない。しかし、地平面のすぐ外側からの放射ならば、遠方にエネルギーを持ち去ることが可能になる。

ホーキングは、おそらく、自転するブラックホールからエネルギーを取り出す方法として、ロジャー・ペンローズが1969年に提案したやり方にヒントを得たのだろう。ペンローズの方法とは、地平面のすぐ外側にあるエルゴ領域の性質を利用するものである。エルゴ領域では、ブラックホールの自転に伴って周囲の空間が引きずられる効果が、物体の運動にも影響を及ぼす。そのせいで、遠方からエルゴ領域にまで進入した物体が二つに分裂し、一方が地平面の内側に落ち込み、他方が再び遠方に遠ざかる場合、遠ざかった方のエネルギーが、最初の全エネルギーよりも増えている場合がある。

これが「ペンローズ過程」(図11-1)と呼ばれるもので、ブラックホールが持つ回転エネルギーの一部を遠ざかる物体が奪い去ったことに相当する。回転エネルギーを少し失ったことで、ブラックホールの自転速度は遅くなる。

ほとんどジョークではあるが、ペンローズ過程は、廃棄物問題とエネルギー問題を同時に解決

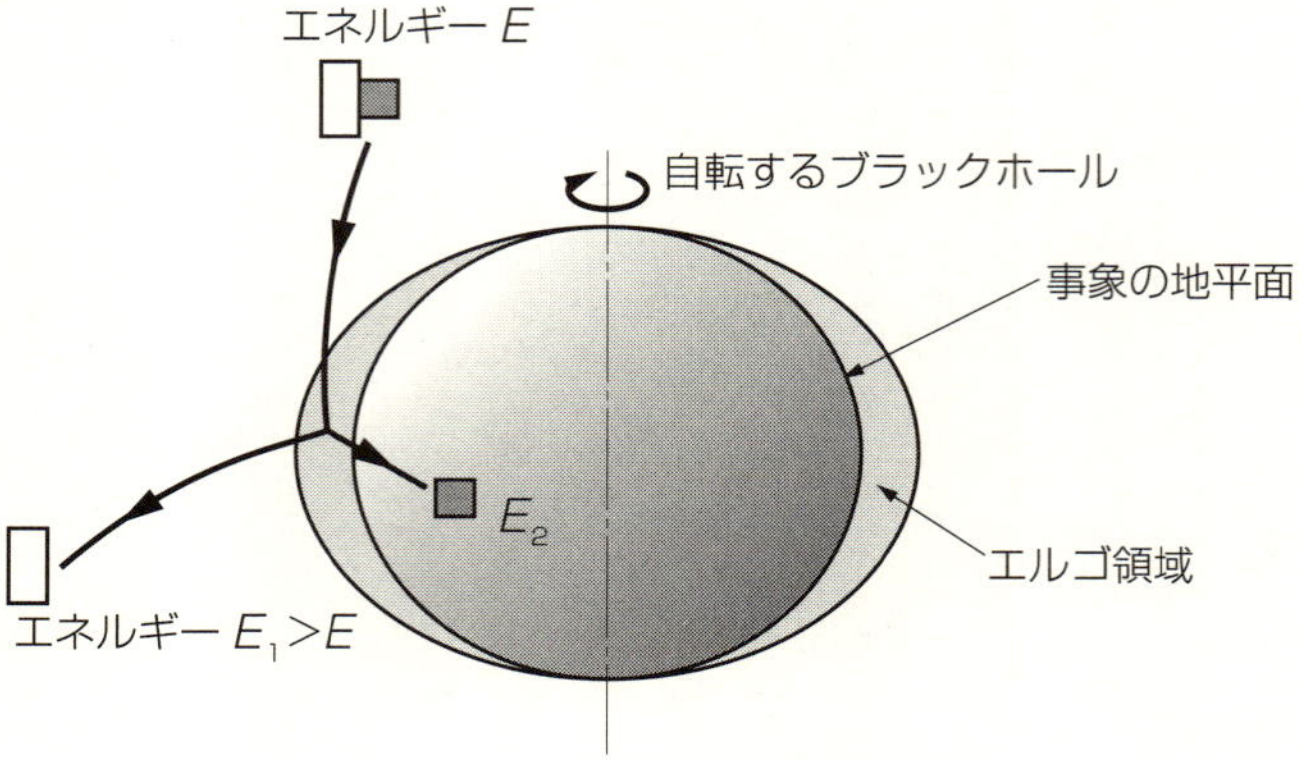

図11-1　ペンローズ過程

してくれる。放射性物質や汚染物質を搭載した宇宙船をエルゴ領域に送り込み、そこでゴミをブラックホールに投げ捨てる。残った宇宙船は、ブラックホールから回転エネルギーをもらい、送り込まれたときよりも大きなエネルギーを持って帰還する。そのエネルギーを利用して発電すれば、厄介な廃棄物を宇宙空間から消滅させた上に電力も手に入る。近くに自転するブラックホールがあれば、実に役に立つというわけだ（もちろん、途方もなく危険な代物であることも間違いないが）。

ブラックホールが熱放射を行うかどうかを考えていたとき、ホーキングは、ペンローズ過程を参考にして、事象の地平面のすぐ外側で二つに分かれる物体を利用する方法を思いついたのだろう。ただし、ここでは一般的なブラックホールの熱放射を理論化したいので、自転していないケースを扱う必要がある。また、零点振動のエネルギーに偏りがあることから自然に生じる熱放射なので、分裂する物体を外部から送り込むのではなく、ブラックホールの近くで自発的に起きる現象でなければならない。

そこでホーキングが注目したのが、粒子・反粒子の対生成という現象である。場の量子論では、不確定性原理のせいで場の強度が確定せずにフラフラするため、瞬間的に粒子・反粒子の対生成が起きることがある。地平面のすぐ外側で粒子・反粒子ペアが対生成されたとき、そのうちの一方が地平面の内側に落ち込み、その反作用を受けたもう一方が遠方に飛び去る（図11－2）ことは可能ではないか？

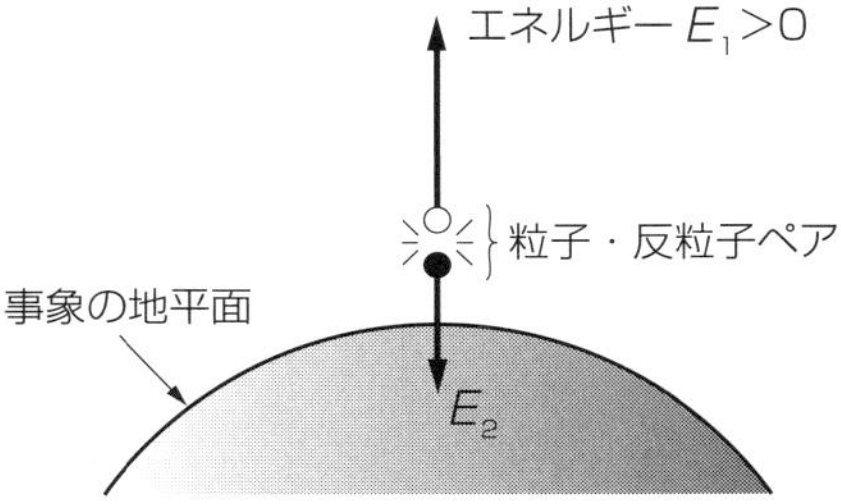

図11-2　ホーキング放射

ホーキングが、こうしたプロセスが起きる確率を、いくつかの単純化を行いながら計算したところ、実際に起こり得ることを見いだした。このような放射は、「ホーキング放射」と呼ばれる。熱放射と言えば、通常は、電磁場の素粒子である光子による現象だが、ブラックホールの周囲で生じるホーキング放射は、きわめて小さい確率ではあるものの、質量を持つ素粒子を含めて、全ての場で起こる。ホーキングは、この計算結果に基づいて、ブラックホールの温度や熱放射の強度などを求めた。

ホーキングの理論が正しいかどうか、まだ確認されたわけではない。こうした現象が実際に起きるとしても、観測はきわめて難しい（巨大な加速器で瞬間的にマイクロ・ブラックホールを作って観測するという方法が考えられるが、実現できるとしてもかなり先になるだろう）。しかし、多くの物理学者は、ホーキングの結果を真剣に受け止めている。

物理学では、通常、実験・観測によって何らかの新しい現象が見いだされてから、それを説明するために新理論が模索される。ところが、ホーキングは、何らデータが存在しないにもかかわらず、豊かな想像力と卓越した数学的能力だけを用いて、誰も夢想だにしなかった新しい現象を予測したのである。人間知性の偉大な達成と言うべきであろう。

ブラックホールは蒸発する

ブラックホールは、物質を飲み込むだけで決して放出しない絶対零度の天体で、熱力学的な現象には関与しないと思われていた。しかし、ホーキングが得た結果は、ブラックホールも有限な温度を持っており、熱放射によってエネルギーを失うというものだった。安定した状態にあるブラックホールの場合、物質は中心の〝穴〟に飲み込まれて存在せず、空間のゆがみによるエネルギーだけが残っており、外部からは、これがブラックホールの質量として観測される。そのエネルギーが熱放射で失われていくので、ブラックホールはしだいに小さく軽くなっていくはずである。

こうした変化がどの程度の時間スケールで生じるかは、ブラックホールの温度などをもとに計算できる。遠方から見たとき、ブラックホールは、重力に起因する温度として、質量に反比例する表面温度を持っている。太陽と同じ質量を持つブラックホールならば、表面温度は、絶対温度で1億分の6度となる。太陽の10倍の質量を持つブラックホールならば、この値の10分の1である。現在、天の川銀河の中心にあるブラックホールは、太陽質量の４００万倍だと推定されるので、表面温度は１００兆分の１・５度、もし天の川銀河と等しい質量のブラックホールがあれば、その表面温度は１０００京分の1度以下になる。

これらの温度は、現在の宇宙における背景放射の温度（２・７３度）に比べると、桁外れに低い。このため、今あるブラックホールは、自身が熱放射を行うよりも、周囲の背景放射を吸収する方が多い。

しかし、遠い未来に宇宙がほぼ絶対零度まで冷え切ったとすると、ブラックホールの方が周囲の宇宙空間よりも高温になる。ブラックホールと背景放射の温度の逆転がいつ起きるかは、宇宙空間の加速膨張がどのようになるかに依存する。一定の割合で加速膨張するという標準的なモデルが正しいとすると、宇宙暦10垓年（＝10の21乗年）の頃には、宇宙空間は、太陽と同じ質量のブラックホールよりも冷却される。

さらに、前章で扱った宇宙暦1正年（＝10の40乗年）を迎えるかなり以前に、宇宙空間は、銀河を飲み込んだ超巨大ブラックホールよりも冷たくなる。ホーキングの理論が正しければ、ブラックホールは、宇宙空間が自身の表面よりも低温になった時期から、ホーキング放射によってエネルギーを失い始める。

ブラックホールには、物質的な構造は何もない。ブラックホールを特徴づけるのは、質量、角運動量（自転の勢い）、電荷の三つだけだが、ペンローズ過程によって角運動量が失われるので、当初は自転していたブラックホールも、遠い将来には全て自転しなくなる。また、電荷の影響は、質量に比べて完全に無視できるほど小さい。このため、ブラックホールの最終的な運命を考える際には、質量だけで議論してよい。

質量とは内部に蓄えられたエネルギーのことなので、ホーキング放射によってエネルギーを失うにつれて、ブラックホールの質量は少しずつ減っていく。1秒間に放出されるエネルギーは、熱力学の公式を使って、質量の2乗に反比例することが示される。したがって、質量が大きいブラックホールほど、わずかな放射しか行わない。太陽と同じ質量のブラックホールならば、放射の出力は1穣《じょう》（＝10の28乗＝100兆×100兆）分の1ワットしかない。このペースでは、1グラムを失うのに100溝年（＝10の34乗年）という長い時間が掛かる。

しかし、ホーキング放射によって痩せ細るにつれて、だんだんと放射の出力は増大していく。月と同じ質量のブラックホールは、10兆分の1ワットに達する。最後は、ごく短時間で巨大なエネルギーを放出する爆発的な放射となる。

最後の爆発の後で何が残るかは、わかっていない。ホーキングの計算は、事象の地平面の外側でどうなるかを求めたものであり、ブラックホールの中心にある空間の〝穴〟(特異点)については、何も考察をしていないからである。最後に剝《む》き出しの特異点(ないし、別の何か)が残ると主張する人もいるし、空間のゆがみが解消されて何も残らないと言う人もいる。いずれにせよ、ブラックホールと呼ばれた天体は消えてしまうので、この過程を、「ブラックホールの蒸発」という(〝蒸発〟という語感とは裏腹に、その最終段階はきわめて激しい)。

ブラックホールが蒸発するまでに要する時間は、蒸発し始めたときの質量の3乗に比例する。太陽質量に等しいブラックホールの寿命は、2000不可思議年(＝2×10の67乗年)に達する。200トンにまで軽くなったブラックホールは、巨大なエネルギーを放出して1秒ほどで蒸発してしまう。

一方、超巨大ブラックホールになると、寿命は途方もなく長い。中国で作られた最も巨大な数を表す数詞は「無量大数」で、1無量大数は10の68乗に等しい(無量大数などの大きな数詞の定義は文献によって異なっており、ここでは、江戸時代の日本の算術書で用いられた定義を採用する)。しかし、天の川銀河と同程度の質量を持つ超巨大ブラックホールは、無量大数にさらに1億を4回掛けた年数に当たる「10の100乗年」ほど生きながらえる。もはや、大きさを表す言葉のないほどの長寿命である。

ビッグウィンパー

陽子・中性子の崩壊によって原子で構成された物質が消滅し、電子・陽電子や光子、ニュートリノなどがまばらに飛び交う遠い未来の宇宙空間で、ブラックホールは、唯一、物理的な変化をもたらす存在である。その強大な重力によって、わずかではあっても物質の流れを生み出すことができる。しかし、凝集の到達点とも言えるこの天体も、永遠ではない。巨大なものでは10の100乗年という気の遠くなるほどの長い時間だが、それでも有限な時間のうちに蒸発してしまう。

蒸発直前に起きる爆発的なエネルギー放射は、ほとんど何も起きなくなった宇宙空間で見られる最後の輝きであり、多量の光とさまざまな素粒子が周囲にばらまかれる。しかし、膨張する空間の中でエネルギー密度は薄まり、大きな質量を持つ素粒子は次々と崩壊していく。

全てのブラックホールも蒸発した、宇宙暦10の100乗年を超える未来の宇宙において、何らかの構造を作り出す候補はあるのだろうか？　渺《びょう》として広がる宇宙空間には、まだ電子と陽電子が漂流している。これら二つは互いに電気的に引き合うので、宇宙空間でたまたま接近した二つが、ポジトロニウムなる結合状態を作ることもある。

しかし、ポジトロニウムから何か構造を持つ物質が生み出されるとは期待できない。われわれの生きている宇宙暦138億年現在の宇宙では、陽子と中性子が固く結合した原子核が安定性と多様性を兼ね備えているため、その周囲に引き寄せられた電子が行う化学反応によって、複雑精妙な物質的世界が実現される。しかし、電子と陽電子が結合したポジトロニウムには原子のような多様性がなく、化学反応を行う物質は形成されない。

もはや、宇宙空間に新たな構造を生み出す物理現象が起きることはない。後は、永遠の沈黙が支配する。

宇宙の始まりである「ビッグバン」と呼応するように、宇宙の終わりも「ビッグ〜」と呼ぶことが宇宙論研究者の習わしになっている。すでに第8章で、ビッグリップ、ビッグクランチなどを紹介したが、全てのブラックホールが蒸発し、物理現象がほとんど何も起きなくなった熱死に近い状態を迎えるという最期は、「ビッグウィンパー」と呼ばれることがある。

ウィンパーとは、すすり泣きの声を表す表現で、宇宙の終焉に対してこの語を用いるのは、20世紀を代表するイギリスの詩人T・S・エリオットの長詩『うつろな人間（*The Hollow Men*）』に由来する。日本では、同じ作者の『荒地』ほど有名ではないものの、英米の教養人で知らない人はいないと言われる作品で、多くの場面で引用されてきた（映画『地獄の黙示録』では、マーロン・ブランド演じるカーツ大佐が朗読している）。
「われらはうつろな人間　われらは詰め物の人間」と始まり、人間の空しい姿が語られた後、「ここに眼はない　眼はどこにもない　この死にゆく星々の谷間　このうつろな谷間　われらの失われた王国の壊れたあぎとには」と茫漠《ぼうばく》たる死の世界が語られ、次のように世界の終焉に言及して詩は終わる。

これが世界の終わり方だ
これが世界の終わり方だ
これが世界の終わり方だ
轟音（bang）ではなく　すすり泣き（whimper）とともに

終章

不確かな未来と確かなこと

——残された謎と仮説

本書で語ってきた宇宙史は、かなり信憑性の高い理論に基づいてはいるものの、確実というわけではない。これ以外の可能性を主張する研究者も少なくない。

現代宇宙論における最大の謎は、暗黒エネルギーの正体である。第1章では、マザーユニバースでポテンシャルエネルギーが解放されてビッグバンの高温状態になったという説明をしたが、どのようなメカニズムで解放されたかについては触れなかった。この点に関しては、さまざまな説が提案されている。ポテンシャルエネルギーの担い手はスカラー場と呼ばれるタイプの場で、ポテンシャルエネルギーを表す関数が特定の形をしているために場の状態が変化したという説が有力である。

しかし、そうしたスカラー場の存在を示す直接的な証拠はなく、提案された関数形も、観測データを説明するためにあつらえたにすぎない。今のところは、観測データに適合する理論がやっと作れたという段階で、この理論が正当だという確証はないのである。

暗黒エネルギーの正体がはっきりしていないため、その大きさが一定かどうかもわからない。第8章で述べたように、暗黒エネルギーが一定ではなく空間膨張の加速度が変化すると、宇宙史のシナリオは大きく変わる。加速が急激すぎて有限時間のうちに物質が引き裂かれるビッグリップが起きるか、空間が収縮に転じて宇宙全体が潰れるビッグクランチを迎えることがあり得る。

ビッグクランチは、そのまま宇宙が消滅することを意味するが、宇宙の大きさがきわめて小さくなったとき、量子論的な効果が現れて宇宙全体の運命が変わることも考えられる。一般相対論と量子論を結びつける試みは、いまだ成功していないが、一つの可能性として研究されているのが、ループ量子重力理論である。この理論によれば、宇宙が極限にまで収縮した後に、再び膨張に転じることが示された。ビッグバウンスと呼ばれるシナリオで、いったん高密度になってあらゆる構造が破壊された後、再び世界が創造されるという神話的な内容が、人々の興味を引いた。ただし、ループ量子重力理論は、きわめて特殊な量子化の手法を採用するので、必ずしも多くの物理学者に支持されているわけではない。

マザーユニバースにおける暗黒エネルギーの変化にも、さまざまなヴァリエーションを考えることができる。ポテンシャルエネルギーの関数形によっては、マザーユニバースから生み出される宇宙が一つではなく、いくつもの宇宙（マルチバース）が次々に生み出される可能性がある。これらのマルチバースは、互いに物理的な相互作用を行うことができない。それどころか、それぞれの宇宙では物理定数が異なっており、全く異なる構造を持つ世界になるかもしれない。そうした宇宙で、われわれの住むこの宇宙に見られるような多様性と安定性を併せ持つ原子核が存在するかどうかは、明らかでない。もしかしたら、大半の宇宙は生命の発生しない不毛な世界かもしれない。そうした可能性は想像力を刺激するものの、マルチバースの存在を実証する手がかりはなく、人類にとって永遠の謎で終わりそうである。

宇宙が時間1次元・空間3次元の4次元ではなく、それ以上の多次元世界だという説もある。ブレインワールドと呼ばれる理論では、われわれの見る3次元空間は4次元以上の空間内部に埋め込まれており、見えない次元方向で考えると、薄い膜（ブレイン）のような存在だと見なされる。ブレインワールドを可能にする基礎理論として最も有名なのが超ひも理論で、時間・空間併せて10次元（11次元に拡張するM理論もある）となり、その内部にブレインが存在できる。ただし、この理論は、1990年代に流行して多くの物理学者が論文を書いたものの、最近では流行が下火になった。

一般の人は、科学的な学説は新しいものほど正しいと思うかもしれないが、宇宙論や素粒子論の最前線では、多くの研究者が思いつきに近いアイデアを次々と提出しては学界で検討するという方法論が採られているため、実は、最新学説の多くが後に誤りと判明する。解説書を読むときには、それなりの注意が必要である。

現時点の宇宙に関しても、不明な点は数多く残されている。暗黒エネルギーほどではないが、暗黒物質についても、あまり解明が進んでいない。暗黒物質の候補としてWIMPと名付けられた一群の素粒子が想定されており、LHC（大型ハドロン衝突型加速器）やLUX（大型地下キセノン実験）など巨大な素粒子実験施設で精力的に探索が続けられているものの、いまだ発見されていない。

WIMPは、1970年代に確立された素粒子の標準模型を少し修正するだけで導入でき、観測データに基づく多くの制約と矛盾しないように形式を整えることが容易なので、多くの理論物理学者が暗黒物質の正体として研究してきたが、ここまで発見されないとなると、根本的な見直しが必要になるかもしれない。

暗黒物質の候補としては、WIMP以外にも、標準模型にかなり手を加えて導入するいくつかの素粒子が提案されてきた。支持者は多くないが、標準模型を大幅に逸脱する全く新しい相互作用を導入したり、原始ブラックホールの存在を仮定する学説もある。

第10章で言及した陽子と陽電子、反陽子と電子が相互に変換される相互作用についても、確定した理論はできていない。このため、陽子・中性子が崩壊して物質が消滅するという第10章の内容は、将来の物理学によって大幅に書き換えられることもあり得る。

このように、宇宙にはまだ数多くの謎が残されている。しかし、はっきりしたことが一つある。それは、宇宙における人類の地位である。

20世紀初頭までは、「天の川銀河が宇宙で唯一の天体集団である」とか、「太陽は銀河の中心付近にある」など、人類の置かれた地位を過大評価する科学者も多かった。だが、現代的な宇宙論が明らかにしたのは、人間とは比較にならない、宇宙の圧倒的な巨大さである。その巨大さは、アンドロメダ銀河までの距離が測定された1920年代から少しずつ認識されるようになったが、現在までに明らかにされたそのスケールは、人間の想像力を遥かに超える。

時間的な拡がりは、中国で作り出された最大の数詞と比べても桁違いであり、この時間にわたって加速されながら膨張していく空間のスケールについては、もはや想像することも難しい。しかし、この巨大さこそが、複雑精妙な物質的現象を可能にしたとも言える。

われわれの世界に天体が存在するのは、始まりの瞬間にエネルギー分布にわずかな揺らぎがあり、粒子と反粒子が従う素粒子反応にほんの少しだけ差異があったからである。揺らぎや差異がほんの少しなので、天体の占める領域は、宇宙の空間的な拡がりからすると、芥子《けし》粒とも言えない狭い範囲でしかない。

また、凝集と拡散のはざまで複雑な現象が起きるのは、重力によって揺らぎが成長する短い期間にすぎない。恒星の輝きは宇宙の歴史からするとほんの一瞬で消え去り、銀河のシステムもあっという間に崩壊する。

それでも、宇宙全体の空間的・時間的スケールが途方もなく巨大なので、宇宙からするとごく狭い範囲で刹那とも言える短い期間に生起する現象が、人間のようなちっぽけな存在から見れば、限りなく豊かで奥深いものになったのである。

補遺　宇宙を統べる法則

本書では、138億年前のビッグバンの混沌から、遥か未来のビッグウィンパーの静寂に至るまでの宇宙の全史の中で、生命の発生を含むさまざまな構造形成がどのように起きるかを述べてきた。このプロセスが実現される主な要因は、次の2点に還元して考えることができる。

(1)**空間の膨張**——物質が一定の範囲に閉じ込められたままならば、起こり得る変化は限られてしまう。宇宙空間は、ビッグバン以降、猛烈な勢いで膨張し続けており、それとともに物質が動けるスペースが増え、同時に温度が低下してさまざまな構造が形成される余地が生まれた。

(2)**凝集と拡散**——物質同士に作用する重力が互いを引き寄せる一方で、熱や光は拡散をもたらす。凝集と拡散という二つの相反する方向への変化が進行した結果として、両者のはざまにおいて、一時的に複雑な構造形成が可能になった。

宇宙全史を俯瞰するには、この二つの要因にかかわる物理法則がどのようなものかを解説するのが有益だろう。

(1) 宇宙空間が膨張する

読者は、宇宙というと何をイメージするだろうか？　おそらく、多くの人は、恒星や惑星などの天体や、これらが構成する星団・銀河を主役として思い描き、脇役として星雲のような星間物質を考えるだろう。しかし、現代的な宇宙論では、かつては脇役ですらない単なるステージと見なされていた空間こそが、宇宙の主役なのである。

「空間は、物理現象の担い手たる物質が運動するための空虚なスペース（空隙）にすぎない」という考え方は、古代ギリシャのデモクリトスにまで遡ることのできる原子論的な世界観で、ニュートンの力学体系も、こうした世界観を前提とする。しかし、20世紀後半に基礎的な物理学理論としての地位を確立した場の量子論によれば、こうした考えは、根本的に誤っている。空間そのものが物理現象の担い手であり、物質とは、空間の中を動き回る自立した存在ではなく、空間と一体化した場がエネルギーを得て励起《れいき》した状態のことである（「場」とは何かについては、第2章を参照）。

現在の宇宙空間において、天体や星間物質の存在しない真空の領域が何も起きない〝虚空〟に見えるのは、空間膨張によって温度が絶対零度近くまで下がった結果、物理現象を生起させるのに必要なエネルギーが足りなくなったからであって、真空がすなわち虚空だというわけではない。宇宙空間の所々に天体が存在するのは、宇宙のはじめから物質があったからではなく、ビッグバンの時点で空間が持っていたエネルギーが、物質を構成する素粒子内部に取り残された結果である。さらに、この取り残されたエネルギーのごく一部が核融合の燃料となり恒星を輝かせているのだから、宇宙に輝きをもたらすエネルギーは、ビッグバンに由来すると言ってよい。

空間そのものが物理現象の担い手であることを最初に示したのが、アインシュタインの一般相対論である。それでは、一般相対論とはいかなる理論だろうか？

空間のゆがみとしての重力

ニュートン力学では、物体同士の相互作用を、二つの物体が接触することで生じる近接力（抗力・摩擦力・圧力など）と、空間を飛び越えて離れた物体の間で生じる遠隔力（重力・電磁気力）に分類することができる。しかし、こうした単純な分類は、物理学が急速に進歩した19世紀後半から崩れていく。以前には、その存在すら疑問視されていた原子に関する研究が進み、原子は電子やイオンのような電荷を帯びた要素から構成されることが判明、それとともに、物体の接触によって生じるとされた近接力は、実は、構成要素間に作用する電磁気的な力であるとわかってきた。

このような議論を総合して、ジェームズ・クラーク・マクスウェルやヘンドリック・ローレンツらが、電磁場によって媒介される電磁気的な相互作用の理論を大成する。

重力以外の相互作用が電磁気学として統一される見通しが立ったことから、「重力も、電磁気と同じように、何らかの場を媒介として伝達されるのではないか」という見方が強まる（現在では、電磁気と重力以外にも、核力などの相互作用があることが判明しており、これら全てが、場を媒介する形で定式化されている）。マクスウェルの電磁気学では、電磁気的な相互作用が電磁場を光速で伝わることが示される。ニュートンの重力理論の場合、重力は伝播する過程がなく一瞬のうちに遠方に到達するとされていたが、これではあまりに不自然なので、重力も、何らかの場を有限の速度で伝わるものと考えられた。こうして、重力を伝える仮想的な場の理論がいろいろと提案されたものの、19世紀のうちにすっきりした理論が構築されることはついになかった。

20世紀に入り、1915年になってアインシュタインが作り上げたのは、重力を伝える場が空間そのもの（厳密には、時間と空間を併せた「時空」）だという理論だった。ニュートン力学では空虚な入れ物にすぎなかった空間が、物理現象の担い手として扱われることになる。

一般相対論における空間は、比喩的に言えば、水に濡れた本のページのようなものである。紙が水を含むと、繊維が移動し紙面上の長さが変化するため、平坦でいられなくなってページが波打つ。これと同じように、相対論における空間は、重力源の周辺で場所ごとに長さが変化する結果、ユークリッド空間とは異なるゆがんだものとなる。空間のさまざまな地点において、ゆがみの大きさを表す量が、重力場である。

重力源となるのは、ニュートンの重力理論で想定された質量ではなくエネルギーであり、エネルギーが存在すると周辺の空間がどのようにゆがむかを表すのが、アインシュタイン方程式である。この方程式を解けば、天体の周囲で空間のゆがみがどのようになるかを計算することができる。

空間がゆがむと、物体の運動に影響が生じる。電磁気力のような（重力以外の）力が作用しないとき、物体は空間の内部をまっすぐに進もうとするのだが、空間そのものがゆがんでいるために、軌道は直線にならずに曲がってしまう。これが重力だけが作用する場合の運動であり、運動の仕方は空間のゆがみだけで決まるので、空気抵抗（分子レベルで見ると電磁気力の現れである）などが作用していないときの放物運動や落下運動には、物体の質量による違いがない。アポロ宇宙飛行士によって実演されたように、空気のない月面上では、鳥の羽根もハンマーも同じように落下するが、こうした性質は、重力による運動が空間のゆがみによって引き起こされることの現れである。

相対論的な宇宙モデル

空間がエネルギーによって伸び縮みする実体だとすると、宇宙空間は全体としてどのような構造になっているのだろうか？　この問いに対する解答は、いまだに得られていない。観測可能な数百億光年の範囲では、天体の周囲だけわずかにゆがんでいるものの、全体としてはユークリッド空間と同一の構造であることが判明している。しかし、この範囲は、宇宙全体から見ればおそらくごく一部にすぎず、その外側がどうなっているかについては、今のところ、理論をもとに推測するしかない。

宇宙空間全体の構造を考える最初の試みは、1917年にアインシュタインによって行われた。当時、太陽が銀河系と呼ばれる天体集団に属すことは判明していたが、銀河系が宇宙で唯一の天体集団か、われわれの銀河系（天の川銀河）と同等の島宇宙がいくつもあるのかはわかっていなかった。巨大天体望遠鏡の建造に力を入れていたアメリカでは、渦巻星雲と呼ばれる天体がわれわれの銀河系と同じような島宇宙であるという証拠が続々と集まっていたが、第一次世界大戦中のベルリンにいたアインシュタインにその情報は充分に伝えられなかったため、彼は、従来の見方に従って、単一の銀河系が存在する宇宙空間を想定した。

こうした宇宙空間が、銀河系の周辺だけ少しゆがんだ近似的なユークリッド空間だとすると、何もない無限の空隙に銀河系の天体が弾き出されてバラバラになってしまい、安定性が保てない。こうした宇宙の姿は不合理だと考えたアインシュタインは、銀河系から充分に離れても質量密度が一定値になるような物質分布があると仮定し、この物質が持つエネルギーによって空間が閉じている可能性を模索した。

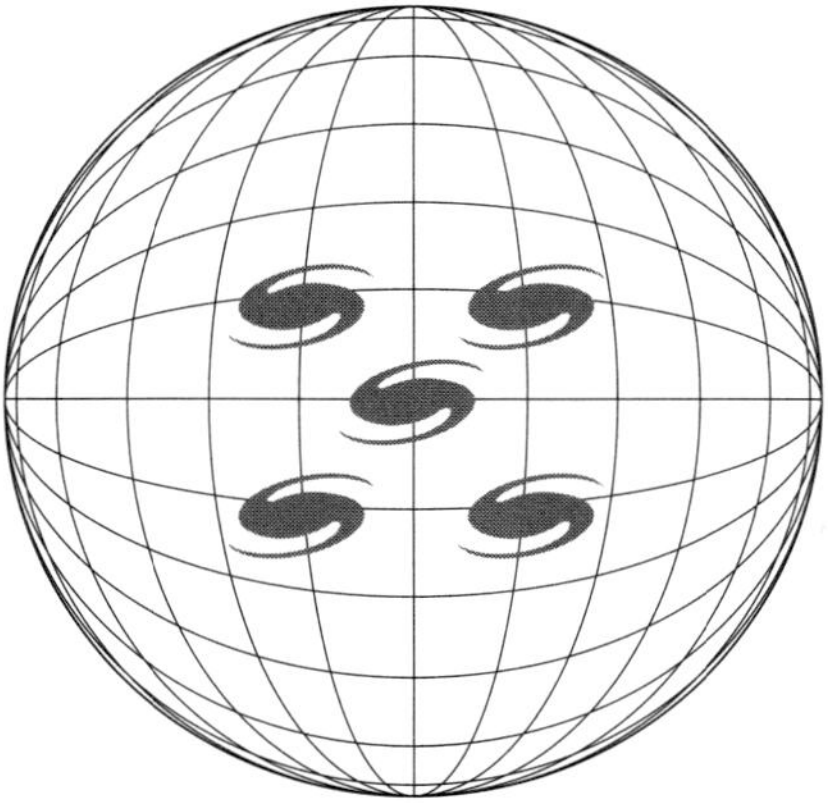
図A-1　球面状の宇宙空間

ここで言う「閉じている」とは、球面のように、境界（宇宙の果て）がないにもかかわらず有限の拡がりしか持たないことを意味し、ある方向にまっすぐ進んでいくと、いつの間にか元の場所に戻ってしまう。こうした3次元宇宙空間を2次元の紙面上に描くのは困難なので、空間の次元数を一つ減らして、2次元の場合を図示することにしよう（図A－1。球面に見えるように、大円を描いてある）。この図だけ見ると、2次元球面の周囲に3次元ユークリッド空間が拡がっているように感じられるかもしれないが、実際には球面だけが存在し、周囲のスペースは見やすくするための補助的なものと考えていただきたい。また、アインシュタインは銀河系以外の質量が何に由来するかを明確に述べていないが、この図では、「宇宙にはわれわれの銀河系と同等の島宇宙が数多く存在する」という現在では一般的な宇宙観に基づいて、中央付近に渦巻銀河のイラストを描き込んだ。

「果てがないのに大きさが有限になる宇宙空間」というアイデアは斬新で興味深いが、アインシュタインは、こうした宇宙空間がいつまでも変わらずに同じ姿を保つという前提で議論を進めたため、宇宙空間の大きさが物理定数だけで定まってしまうなど、いくつもの不自然な帰結が導かれた。こうした不自然さを改めたのが、フリードマンの議論である。

宇宙空間の膨張

球面状に閉じた宇宙空間の大きさは、球面を大円に沿って一周するときの距離Lで表すことができる。第1章で導入したフリードマンの解は、Lは一定だとするアインシュタインの前提を撤廃し、Lが時間の関数になるものとして、時空のゆがみとエネルギーを結びつけるアインシュタイン方程式を解いたものである。ここで、Lを測る基準となるのは、物質間の相互作用に含まれる長さの単位を持った物理定数であり、具体的には、原子の大きさや結晶の格子間隔である。したがって、Lの増減は、基準となる物質に対して、球面状の空間全体が膨張・収縮することを意味する。

フリードマンが得た解は、Lが0から始まる次の二つのタイプに分類することができる（正確に言えば、Lが常に0より大きくなる第3のタイプがあり、ビッグバン以前の宇宙の状態を表す解として使われることもあるが、本書では、この解は無視する）。これらは、図1－1のグラフ①と②にそれぞれ対応する。

①0からスタートしたLは急速に大きくなるものの、次第に増加速度が少しずつ遅くなり、ある時点で最大値を取った後に減少に転じて、最終的にLが0に戻って終わる。フリードマンは、Lが0になるとバウンドして再び増加し始めると考えたが、そうならないことは、ペンローズとホーキングが証明した。

②はじめのうちは①と同じく増加スピードが遅くなるが、ある時点でペースアップし始め、そのままいつまでも指数関数的にLが大きくなっていく。

観測データによると、（球面状かどうかはわからないが）宇宙空間がフリードマンの解と同じように全体として膨張していることは確実である。さらに、遠方の超新星のデータは、現在の宇宙が②で示したのと同じような加速膨張期にあることを示唆する。これを信じるならば、宇宙空間は、永遠に膨張を続けることになる。

天体表面という限られた生息域に存在する生物からすると、宇宙空間が膨張するか否かは、自分たちの生活と何の関わりもない天上の出来事である。このことは、銀河が宇宙空間に一様に散らばっている場合を考えると、わかりやすい。この場合、ある銀河から周囲を見ると、どの方位にも同じように銀河が分布しており、周囲から及ぼされる重力は、互いに打ち消しあって中心の銀河に何の影響も与えない。空間が膨張すると、周囲の銀河は一斉に遠ざかるが、どの方位も同じように見えるという状況は変わらないので、やはり周囲からの重力は作用せず、空間が膨張することの影響は現れない。こうした状況は、全ての銀河で同じように起きるため、どの銀河においても、宇宙空間が膨張することの影響は感じられない。ただ、遠方の銀河を見たとき、これらが自分の銀河から遠ざかっていることが観測されるだけである（図A－1で言えば、銀河の大きさが変わらずに、球面状の空間だけが大きくなると考えればよい）。

宇宙空間が膨張することは、われわれの生活に何の影響も与えないが、それでも、宇宙に関して「なぜ」という問いを発する思索者にとっては、決定的な重要性を持つ。なぜ、宇宙誕生の際における混沌の極みから、秩序を持った世界が派生してきたのか？　その理由は、宇宙空間が膨張したために、何もない空隙とはっきりした表面を持つ物質が分離され、物質による構造形成が可能になったからである。

(2)凝集と拡散が進行する

宇宙では、過去100億年あまりの間に、銀河や惑星系などの天体システムが形成され、さらに、惑星表面では高分子化合物の合成や生命の発生が見られたが、多くの物理学者は、こうした構造形成を含む過程は、全て物理法則の枠内で自律的に進行したと考えている。そう言うと、第5章でも触れたように、「エントロピー増大の法則を破っていないのか」と気になる人も出てくるだろう。

第4章以降の議論では、エントロピーという用語を「乱雑さの度合い」というあまり正確ではない言い方で導入していた。エントロピー増大の法則は、しばしば「乱雑さは増大する一方だ」と言い表される。この表現を文字通りに解釈すると、ビッグバンの混沌から始まった宇宙で複雑な構造が形成されるのはおかしいと思われるかもしれない。しかし、この疑いは、エントロピーと乱雑さを結びつける主張の不正確さに由来する誤解である。

エントロピー増大の法則をもう少し物理学的に表現すると、「きわめて多数の構成要素から成るシステムは、統計的に見て最もありふれた状態に移行する確率が非常に高い」となる。ここで、「最もありふれた」と言ったのは、システムが取り得るさまざまな状態の中で最も数の多い状態のことであり、この数の多寡を表すのがエントロピーなのである。この表現で示唆されるように、エントロピーは、なぜか増大する性向を持つ不思議な量ではなく、むしろ、増大するのがごく当たり前な量なのである。

エントロピー・ゲーム

エントロピーの増大が自然な成り行きだということを実感していただくために、次のようなゲームを考えていただきたい。

行と列それぞれに1から6までの番号を付けた6行6列のマス目に、36枚のコインを置く。初めに、全てのコインを裏向きにしておき、行と列を指定する2個のサイコロを振って、出た目のマスに置かれたコインを（表向きなら裏に、裏向きなら表にというように）ひっくり返す。この手順を何回か繰り返したとき、何枚のコインが表向きになっているかを調べてみよう。表向きになっているコインの枚数nは、初めの状態で0だったが、1回目のサイコロ振りで必ず1枚が表向きになるので、nが1に増える。2回目の試行では、偶然、1回目に表向きになったコインが再び裏返されて、nが0に減ることもある。しかし、その確率は36分の1であり、高い確率で別のコインが表向きにされてnは2に増えるだろう。こうして、表向きのコインが少ないときは、nがどんどん増える傾向にある。

nが小さいとき、次の試行でnが増える可能性が高いことは、nがある値を取るパターンがいくつあるかというパターン数Wによって見積もることができる。nが0で全てが裏向きとなるパターンは1通りしかないが、nが1になるパターン数は、どのマス目のコインが表になるかという選び方の個数に等しいので、36である。nが2の場合のパターン数は、2枚のコインのうちの1枚目がどのマスになるかが36通り、2枚目が1枚目とは別のどのマスになるかで35通りとなるが、1枚目と2枚目を選ぶ順番を逆にしても同じ状態になるので、パターン数は、36×35÷2＝630となる。一般に、パターン数Wは、36のマス目からn個を選び出す組み合わせの数となる(高校数学で学ぶ順列・組み合わせの公式を思い出してほしい)。

nが小さいときは、nがより大きい状態の方が小さい状態よりもパターン数Wが大きく、nが大きくなる方向へ遷移する可能性が高い。しかし、nが(36の半分の)18に近づくにつれて、Wが大きくなる度合いが減り、nが18を超えると、Wは減り始める。このため、何度もサイコロを振っていくと、nの値は18前後でフラフラすることになる。ここで知りたいのは、パターン数Wが大きくなる方向への変化が自然に起きるかどうかなので、サイコロを振る回数に対してWがどのように変わるかを調べてみよう。

このゲームは、実際に試してみることができる。6行6列のマス目を用意し、サイコロを何回か振った後で、そのときの表向きの枚数nを数え、nに対応するパターン数Wを求めればよい。

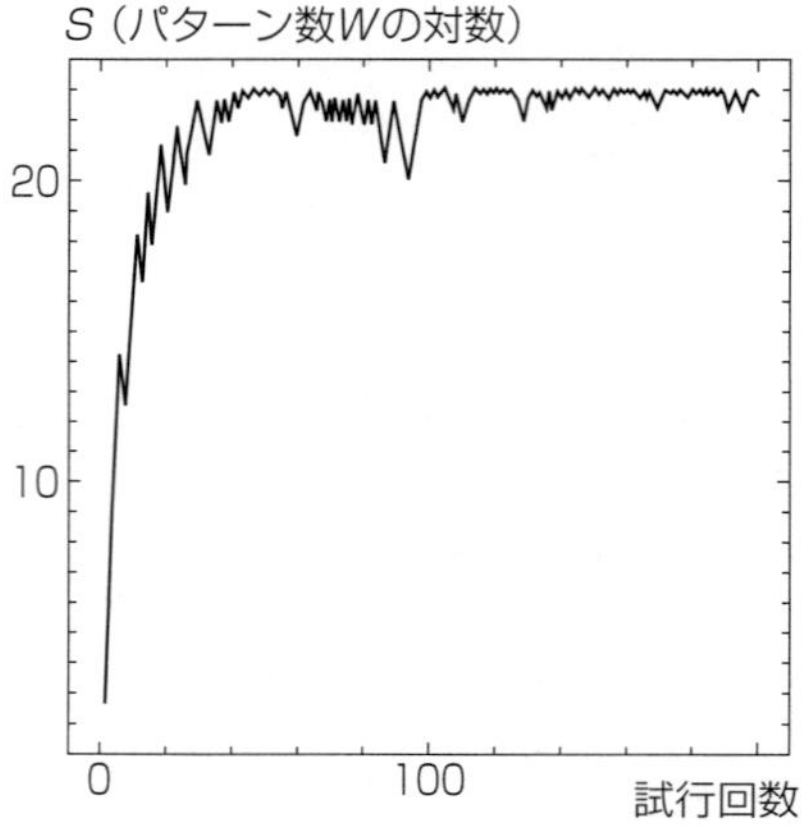

図A-2　エントロピー・ゲームのシミュレーション

パターン数Wの値は、順列・組み合わせの公式で与えられるが、nが増えるにつれてかなり大きくなるので、その対数を取った方がグラフに示しやすい（実は、統計力学によると、対数を取るべき積極的な理由があるのだが、その議論には踏み込まない）。nが1から18までのときのWの対数Sをあらかじめパソコンで計算し数表にまとめておけば、サイコロを振りながらSがどのように変化するかを実感することができる。

図A－2は、横軸にサイコロを振った試行回数、縦軸にパターン数Wの対数Sを取ったグラフである（実際にサイコロを振ったのではなく、コンピュータで乱数を発生させてシミュレーションを行った）。最初は全て裏なのでSの値は0であり、サイコロを振り始めてしばらくはSが急速に増えるが、試行回数が40を超える辺りからnが18前後でフラフラし始め、それに対応して、Sは一定値の周りでわずかに揺らぐようになる（試行回数90付近でのSの大きな変化は、全くの偶然により生じたと考えられる）。

このSが、エントロピーの例である。エントロピーというと、なぜか増え続ける不思議な量としてイメージされがちだが、このケースから見て取れるように、エントロピーを増やそうとする何らかの作用があるわけではなく、「統計的に見て実現しやすい状態へ変化する」という自然な成り行きの指標となる量である。エントロピーが小さい状態は、「秩序正しい状態」と言うよりは、むしろ「不自然に偏った状態」であり、エントロピーの増大は、偏りのない自然な状態へ移行していく過程と見なすことができる。

エントロピー最大になると、それ以降は、ほとんど変化が見られなくなる。と言っても、何も起きないわけではない。エントロピー・ゲームでは、ゲームを続ける限りいずれかのコインがひっくり返されるのだが、エントロピーSの値は、最大値付近でわずかに揺らぐだけで、そこから大きくずれることはない。このゲームでは、コイン数が36枚に限られているため、Sの値にグラフで見て取れるほどの揺らぎが生じるが、コイン数（あるいは、一般に、取り得るパターンの総数）がきわめて大きくなると、こうした揺らぎは相対的に小さくなり、グラフで表すとほとんど見えないほどの微小変化となる。このように、子細に見ると変化は存在するものの、全体的なパターンに変化が見られない状態が、いわゆる平衡状態である。

ここで、変化のスピードに差があることに注意していただきたい。全てのコインが裏向きとなっている場合のように、平衡から遠く隔たった状態から始まると、しばらくの間はエントロピーが急激に増大していくが、平衡状態に近づくにつれて変化のスピードが小さくなり、平衡状態に達すると、微小な揺らぎだけで全体として何も変化しなくなる。これが、統計的なシステムで一般的に見られる変化の過程である。

凝集と拡散のせめぎ合い

最も単純なシステムの場合、エントロピーの増大は、何の構造もない均質な状態への変化に対応することが多い。わかりやすいのは、気体の拡散の例である。容器の中に封入された気体分子は、どこかに集まることなく、拡散して圧力・温度がほぼ一様の状態になる。これは、容器内を多数の区画に分割してどの区画に何個の気体分子が入るかを考えたとき、気体分子がどこかに偏って集まった状態よりも、一様に拡散した状態の方が、分子を分配する仕方のパターン数が遥かに多くなるためである。

しかし、統計的なシステムは、常に均質化に向かうわけではない。重力のような引力が作用する場合には、拡散とは逆に凝集する方が自然な過程になることもあり得る。

重力は、万有引力と呼ばれることにも示されるように、全ての物質の間に引き合う作用が生じることを意味する。宇宙空間にガス状の物質が存在するとき、これが気体分子のように拡散していくか、互いの重力によって凝集するかは、密度や温度などのさまざまな要因に依存する。宇宙の初期は高温で、気体分子運動と同じように拡散する傾向が強い。

しかし、空間の膨張によってエネルギー密度が低下し温度が下がると、凝集する方が自然となり、広い空間内部に点在する天体が生まれ、物質分布の不均一性が増大する。このとき、物質の凝集によって生まれた天体内部で強い重力の作用によって核融合が始まると、恒星となって周囲に光を拡散させる。この光が、核融合が起きず安定した表面を持つ惑星に降り注ぐと、光反応によって化学進化が促され、高分子化合物が合成される。

このように、宇宙空間では凝集と拡散がせめぎ合い、そのはざまで、複雑な構造が生まれてくる。ビッグバンの混沌から始まった宇宙で生命のような複雑な構造を持つものが誕生するのはいかにも不思議に思えるだろうが、平衡状態から遠く隔たった状態から出発したため、中間段階において、凝集と拡散のように異なる方向性を持つ変化が並行して進むことで可能になったのである。

ただし、凝集と拡散のせめぎ合いが活発になるのは、宇宙暦数百億年までという〝短い〟間でしかない。これは、図A-2のグラフに当てはめると、Sが急激に増えていく時期に当たる（専門的なことを言うと、重力による凝集過程を扱う場合には、エントロピーよりも「自由エネルギー」という量を考える方が適切なのだが、ここでは、本格的な議論はしない）。

われわれを含む複雑な構造の形成は、宇宙という途轍もなく巨大なシステムが、最初の均一な状態から急激に崩れていく束の間に実現された、一時的な出来事なのである。

年表　宇宙「10の100乗年」全史

時代	宇宙暦	出来事
ビッグバン時代	?	マザーユニバースが存在?
	?	インフラトン場の値が変動?
	ゼロ	インフレーションの終了。解放されたポテンシャルエネルギーにより宇宙が加熱され、ビッグバンとなる
物質生成時代	1万分の1秒	クォークがグルーオンによって合体し、陽子や中性子が作られる
	数十秒	電子との対消滅による陽電子の消失
	10分	宇宙初期の元素合成の終了
第一次暗黒時代	38万年	宇宙の晴れ上がり。宇宙の暗黒時代の到来
恒星誕生時代	数千万年	最初の恒星の誕生。暗黒時代の終了
	数億年	宇宙の再電離
	7億7000万年	これまでに発見された最古のクエーサー
	数十億年	銀河の形成
天体系形成時代	40億〜60億年	銀河における星形成率がピークに
	92億年	のちに太陽系となる原始惑星系円盤の形成
	138億年	現在
	150億年頃	地球が太陽のハビタブルゾーンから外れ、灼熱地獄と化す
	180億年?	天の川銀河とアンドロメダ銀河の衝突・合体
	190億年頃	太陽の赤色巨星化
銀河壮年時代	数百億〜1000億年	銀河の老化。星形成率が低下する
	〜1000億年	空間の加速膨張により、他の銀河の存在が観測不能になる
赤色矮星残存時代	〜1兆年	ビッグバンの痕跡が全て消失する
第二次暗黒時代	数兆年〜10兆年	最も小型の赤色矮星が燃え尽きる
	〜100兆年	宇宙の第二の暗黒時代の到来
銀河崩壊時代	〜1垓(10の20乗)年	銀河がブラックホールに飲み込まれ、ブラックホールと漂流天体だけが宇宙に残される
物質消滅時代	〜1正(10の40乗)年	漂流天体などの物質を構成していた素粒子が崩壊する
ビッグウィンパー時代	〜10の100乗年	最も大質量のブラックホールがホーキング放射で蒸発する。新たな構造形成の可能性は失われる

ま行

や行

ら行

な行

は行

さ行

た行

さくいん

数字・欧字

あ行

か行

N.D.C.443.9　280p　18cm

ブルーバックス　B-2006

宇宙《うちゅう》に「終《お》わり」はあるのか

最新宇宙論が描く、誕生から「10の100乗年」後まで

2017年2月20日　第1刷発行

著者　吉田伸夫《よしだのぶお》

発行者　鈴木　哲

発行所　株式会社講談社

〒112-8001 東京都文京区音羽2-12-21

電話　出版　03-5395-3524

販売　03-5395-4415

業務　03-5395-3615

印刷所　（本文印刷）豊国印刷株式会社

（カバー表紙印刷）信毎書籍印刷株式会社

製本所　株式会社国宝社

定価はカバーに表示してあります。

ISBN978-4-06-502006-7

発刊のことば

科学をあなたのポケットに

二十世紀最大の特色は、それが科学時代であるということです。科学は日に日に進歩を続け、止まるところを知りません。ひと昔前の夢物語もどんどん現実化しており、今やわれわれの生活のすべてが、科学によってゆり動かされているといっても過言ではないでしょう。

そのような背景を考えれば、学者や学生はもちろん、産業人も、セールスマンも、ジャーナリストも、家庭の主婦も、みんなが科学を知らなければ、時代の流れに逆らうことになるでしょう。

ブルーバックス発刊の意義と必然性はそこにあります。このシリーズは、読む人に科学的に物を考える習慣と、科学的に物を見る目を養っていただくことを最大の目標にしています。そのためには、単に原理や法則の解説に終始するのではなくて、政治や経済など、社会科学や人文科学にも関連させて、広い視野から問題を追究していきます。科学はむずかしいという先入観を改める表現と構成、それも類書にないブルーバックスの特色であると信じます。

一九六三年九月　野間省一

ブルーバックス　物理学関係書（I）

ブルーバックス　物理学関係書（II）

- 1600 量子力学の解釈問題　コリン・ブルース　和田純夫＝訳
- 1605 マンガ　物理に強くなる　関口知彦＝原作　鈴木みそ＝漫画
- 1620 高校数学でわかるボルツマンの原理　竹内　淳
- 1638 プリンキピアを読む　和田純夫
- 1642 新・物理学事典　大槻義彦／大場一郎＝編
- 1648 量子テレポーテーション　古澤　明
- 1657 高校数学でわかるフーリエ変換　竹内　淳
- 1663 物理学天才列伝（上）　ウィリアム・H・クロッパー　水谷　淳＝訳
- 1664 物理学天才列伝（下）　ウィリアム・H・クロッパー　水谷　淳＝訳
- 1669 極限の科学　伊達宗行
- 1675 量子重力理論とはなにか　竹内　薫
- 1680 質量はどのように生まれるのか　橋本省二
- 1687 宇宙の未解明問題　R・ハモンド　大貫昌子＝訳
- 1690 エントロピーがわかる　アリー・ベン＝ナイム　中嶋一雄＝訳
- 1697 インフレーション宇宙論　佐藤勝彦
- 1701 光と色彩の科学　齋藤勝裕
- 1715 量子もつれとは何か　古澤　明
- 1716 「余剰次元」と逆二乗則の破れ　村田次郎
- 1720 傑作！　物理パズル50　ポール・G・ヒューイット＝作　松森靖夫＝編訳
- 1728 ゼロからわかるブラックホール　大須賀　健
- 1731 宇宙は本当にひとつなのか　村山　斉
- 1737 放射光が解き明かす驚異のナノ世界　日本放射光学会＝編
- 1738 物理数学の直観的方法（普及版）　長沼伸一郎
- 1741 マンガで読む　マックスウェルの悪魔　月路よなぎ＝マンガ　銀杏社＝構成
- 1742 マンガで読む　タイムマシンの話　秋鹿さくら＝マンガ　銀杏社＝構成
- 1746 アメリカ最優秀教師が教える相対論＆量子論　スティーヴン・L・マンリー　スティーヴン・フォーニア＝絵　吉田三知世＝訳
- 1747 マンガ　量子力学　石川真之介＝原作・漫画
- 1750 知っておきたい物理の疑問55　日本物理学会＝編
- 1751 低温「ふしぎ現象」小事典　低温工学・超電導学会＝編
- 1759 日本の原子力施設全データ　完全改訂版　北村行孝／三島　勇
- 1776 現代素粒子物語　中嶋　彰／KEK（高エネルギー加速器研究機構）＝協力
- 1780 オリンピックに勝つ物理学　望月　修
- 1785 「シュレーディンガーの猫」のパラドックスが解けた！　古澤　明
- 1798 ヒッグス粒子の発見　イアン・サンプル　上原昌子＝訳
- 1799 宇宙になぜ我々が存在するのか　村山　斉
- 1803 高校数学でわかる相対性理論　竹内　淳
- 1805 元素111の新知識　第2版増補版　桜井　弘＝編
- 1809 物理がわかる実例計算101選　クリフォード・スワルツ　園田英徳＝訳
- 1815 大人のための高校物理復習帳　桑子　研
- 1827 大栗先生の超弦理論入門　大栗博司

ブルーバックス　物理学関係書(Ⅲ)

1832 マンガ　はじめましてファインマン先生　ジム・オッタヴィアニ＝原作　リーランド・マイリック＝漫画　大貫昌子＝訳
1836 真空のからくり　山田克哉
1848 今さら聞けない科学の常識3　聞くなら今でしょ！　朝日新聞科学医療部＝編
1852 物理のアタマで考えよう！　ジョー・ヘルマンス　ウィープケ・ドレンカン＝絵　村岡克紀＝訳・解説
1856 量子的世界像　101の新知識　ケネス・フォード　青木　薫＝監訳　塩原通緒＝訳
1860 発展コラム式　中学理科の教科書　改訂版　物理・化学編　滝川洋二＝編
1867 高校数学でわかる流体力学　竹内　淳
1871 アンテナの仕組み　小暮裕明　小暮芳江
1894 エントロピーをめぐる冒険　鈴木　炎
1899 エネルギーとはなにか　ロジャー・G・ニュートン　東辻千枝子＝訳
1905 あっと驚く科学の数字　数から科学を読む研究会
1912 マンガ　おはなし物理学史　小山慶太＝原作　佐々木ケン＝漫画
1924 謎解き・津波と波浪の物理　保坂直紀
1930 光と重力　ニュートンとアインシュタインが考えたこと　小山慶太
1932 天野先生の「青色LEDの世界」　天野　浩／福田大展
1937 輪廻する宇宙　横山順一
1939 灯台の光はなぜ遠くまで届くのか　テレサ・レヴィット　岡田好惠
1940 すごいぞ！　身のまわりの表面科学　日本表面科学会
1960 超対称性理論とは何か　小林富雄
1961 曲線の秘密　松下泰雄

ブルーバックス　宇宙・天文関係書

ブルーバックス12cm CD-ROM付

ブルーバックス　地球科学関係書